设计的结构与形式

——创新实践的关键要素

[英] 迈克尔·汉恩（Michael Hann） 著

王树良 译

中国建筑工业出版社

著作权合同登记图字：01–2017–4027号

图书在版编目（CIP）数据

设计的结构与形式——创新实践的关键要素 /（英）
迈克尔·汉恩著；王树良译 .—北京：中国建筑工业出版
社，2018.9
　　ISBN 978-7-112-22250-6

　　Ⅰ.①设…　　Ⅱ.①迈…②王…　　Ⅲ.①室内装饰设
计　　Ⅳ.①TU238.2

中国版本图书馆CIP数据核字（2018）第106489号

责任编辑：程素荣　　张鹏伟
责任校对：李欣慰

设计的结构与形式
——创新实践的关键要素
[英]迈克尔 · 汉恩　著
王树良　译

＊

中国建筑工业出版社出版、发行（北京海淀三里河路9号）
各地新华书店、建筑书店经销
北京点击世代文化传媒有限公司制版
北京中科印刷有限公司印刷

＊

开本：787×1092 毫米　1/16　印张：12¾　字数：228 千字
2018 年 9 月第一版　2018 年 9 月第一次印刷
定价：**49.00** 元
ISBN 978-7-112-22250-6
　　　　（32128）

目 录

致 谢

感谢伊恩·莫克森（Ian Moxon）和霍尔德·克罗夫特（David Holdcroft）对本书提出的建设性意见、有用的评论和建议，也衷心感谢来自韩国汉阳大学的郑善商和来自英国利兹大学（University of Leeds）的爱丽丝·汉弗莱（Alice Humphrey）、马尔让·瓦奇亚（Marjan Vaziria）为本书提供了大量图片材料。同时还要感谢 Briony Thomas、Christopher Hammond、Alison McKay、Robert Fathauer、Craig S. Kaplan、Josh Caudwell、Jeremy Hackney、Kevin Laycock、Ihab Hanafy、Dirk Huylebrouck、Jill Winder、Kate Wells、Margaret Chalmers、Hester du Plessis、Stephen Westland、Thomas Cassidy、Jae Ok Park、Young In Kim、Javier Barallo、Peter Byrne、MyungSook Han、Sookja Lim、Catherine Docherty、Behnam Pourdeyhimi、Francis and Patrick Gaffi kin、Damian O'Neill、Brendan Boyle、Myung-Ja Park，Kyu-Hye Lee、Chil Soon Kim）、Jin Goo Kim、Mary Brooks、Maureen Wayman、Kieran Hann、Charlotte Jirousek、Jalila Ozturk、Peter Speakman、Sangmoo Shin、Eun Hye Kim、Roisin and Tony Mason 夫妇、Patricia Williams、Biranul Anas、T. Belford、Sandra Heffernan、Barbara Setsu Picket, Eamonn Hann、Mairead O'Neill、Barney O'Neill、Ray Holland、Jim Large、Moira Large、Donald Crowe、Dorothy Washburn、Doris Schattschneider、Michael Dobb、Keum Hee Lee、Haesook Kwon、Young In Kim、Kholoud Batarfi 和 BDP 公司（设计维多利亚购物中心建筑设计公司，贝尔法斯特），同时感谢以下作出贡献的学生：Zhou Rui、Alice Simpson、Natasha Purnell、Esther Oakley、Josef Murgatroyd、Robbie Macdondald、Natasha Lummes、Rachel Lee、Edward Jackson、Zanib Hussain、Jessica Dale、Daniel Fischer、Muneera Al Mohannadi、Nazeefa Ahmed、Elizabeth Holland、Olivia Judge、Alice Hargreaves、Reerang Song、Nathalie Ward, Matthew Brassington、Claira Ross。我们将为文中所有的遗漏、不准确和错误承担责任。最后，尤其要感谢 Naeema、Ellen-Ayesha 和 Haleema-Clare Hann。对付出努力的所有人表示感谢，如若出现遗漏，我们提前表示歉意。除非另外说明，摄影图像均由作者创作。

迈克尔·汉恩

英国利兹大学，2012 年

第1章

绪论

本书涉及艺术和设计中的结构与形式。它涵盖了一系列话题，对从事专业装饰艺术的从业者和全球教育体系中设计学科学生来说有潜在的价值。本书较为详细地阐述和说明了二维现象的复杂性，同时重点解释各种三维形式。在装饰艺术和设计的大背景下，结构是底层框架，而形式是创意过程中二维或三维的可见结果。结构存在于设计或其他物理组合形式的背后。结构包括网格、二维和三维格子，以及其他对决定设计成分的放置方式有指导意义的几何特征。当设计以一种分解形式呈现的时候，这样的结构特征可能会被隐藏，而当设计完整时，它们又会清晰地显露出来。这些隐藏的结构特征包括各种比例系统，例如黄金分割和各种根号矩形，也包括与几何对称有关的原则。比例原则和对称原则都决定着视觉元素的铺设。结构中可看见的部分是指在设计发展中使用的组件，当设计达到一种分解的、已完成的状态时这些组件仍然可见，例如规则或不规则的多边形，或其他几何图形，这些图形形成表面组件来指导一个作品、样式、图像或其他表面装饰形式的元素放置（例如正方形内的图案

遵循严格的几何顺序，贯穿一件纺织品或其他表面图案设计），或是主导20世纪至21世纪早期的高层城市建筑设计的表面网格结构。不论在最后的设计中结构是隐藏还是可见的，结构总是根据其美学性和实用性来决定一件设计是否成功。

在装饰艺术、设计和建筑中，一系列初始工作往往是通过在早期设计草图的一个或多个基础几何构造、图形或几何元素组合的放置来展开。再者，在特定建筑物、结构、手工与人造物品和表面图案装饰的设计中，各种比例体系在几个世纪以来都作为根本的特征被运用。在古代，支配这种比例体系使用的规则可能经由技术高明的工匠传给学徒、儿子或女儿。在更近的年代里，这种知识似乎已被许多创意从业者（尽管并非所有）大量丢弃、遗忘或忽略。在很多情形下，与设计成分或元素的组成或放置有关的决定，都由直觉、过去的经验或教育主观性所引导，这其中也可能还包括猜测（或尝试及观察）。在创造性工作的许多领域，这种方法可能会带来令人满意的结果。但是，基于对以上所提概念的理解，一种更结构化的方法及各种

相关的准则，能够在设计过程的早期阶段激发自信，确保呈现令人满意的设计方案。为此，本书将重点强调识别各种几何概念，展示和讨论一些简单的指导方针来帮助学生、从业者、老师和研究人员。本书重点集中在解释与二维空间联系紧密的概念和原则上，三维领域的适用性和相关性在适当情况下也会有所提及。本书的意图不是针对一个设计者应该如何参与到完整的设计过程中去，应该如何着手处理解决问题的各个阶段进行恰当的指导，而是帮助他们打好基础。这个基础将作为知识框架在强调设计纲要的早期阶段指导设计者。除了学生设计者这一主要阅读对象，本书对有经验的（但不是经验丰富的）从业者、设计研究者和其他希望探索艺术和设计中结构与形式基本原理的观察者都是有价值的。

许多研究人员使用数学分析和程序来观察比例系统和其他设计物体（包括各种产品设计、建筑物和其他构造）中几何特征的使用。作者主张这些比例系统和相关特征的知识对21世纪的设计者是有价值的。然而，鉴别他们如何可以应用到视觉艺术和设计的环境中来，并不取决于先进的数学知识背景，而仅仅取决于对高中早期学习涉及的特定基础几何结构类型的认识。读者可参考有用的初级读本：乔恩·艾伦（Jon Allen，2007）的《画法几何》（*Drawing Geometry*），其中基础几何步骤和原则属于必读的部分。本书旨在给

学生和创意从业者提供适用的结构、程序和方法，这些并不依赖于对数学法则充分认识或对艰涩术语、符号或公式的理解。

许多评论人把成功的设计与某些通用的组织原则或注意事项联系在一起。最常被列举的有平衡、对比（色调、形状、颜色和纹理的对比）、节奏、形式追随功能、80/20准则、三分法则、黄金分割、迭代、模块化、背景与对象关系、从格式塔心理学（*Gestalt psychology*）中得出的各种感知原则和视觉组织（包括接近性、相似性、连续性、闭合性和蕴含性）。这些内容根据特定的意图、作用和要传达的信息具有不同的重要性。关于这些概念（尽管并不是所有）的解释和讨论将在书中相关章节出现（和之前提及的那样，主要集中于结构和形式）。如果希望对这些问题有一个更完整的理解，建议阅读勒普顿和菲利普斯（Lupton and Phillips，2008）及利德威尔、霍尔登和巴特勒（Lidwell, Holden and Butler，2003）的相关著作。

本书安排如下。第2章专门探讨了点和线的两种基本结构元素，因为是它们使所有结构安排和形式生产成为可能。第3章将介绍、解释和说明一种起源于古代，对装饰艺术、设计和建筑有用的几何构造的选择。第4章将介绍和说明各种类型的周期性铺砌和镶嵌，还将解释彭罗斯型铺砌的本质。第5章涉及几何对称，这章将说明如何使用这个概念来描述各种有规律的重复带状物和全部

图案的特点，同时还会介绍与比例对称和分形有关的概念。第 6 章将介绍斐波那契数列以及如黄金分割和与此相关的矩形、螺旋形式的结构。第 7 章将介绍各种三维现象，包括多面体、球体和圆屋顶结构。第 8 章主要集中选取了一些在三维设计中对结构和形式来说比较重要的概念和问题。第 9 章将回顾模块化在各领域中的特点，强调模块化、最密堆积和高效分割之间的关系。第 10 章将考虑装饰艺术、设计和建筑中的结构分析，并呈现系统化分析框架的发展步骤，旨在为未来的设计分析师提供一个统一的方法。第 11 章将展示书里主要组成的概要，特别是确定那些证明对从事装饰艺术、设计和建筑的人员有价值的流程、方法和途径，在作者的写作指引下我们可以阅读到大量的图片材料。本书选取的一些独立理论家、艺术家和设计师的图片案例涵盖了书中的多种观点。书中的图片材料很大比例出自修读设计理论课程的艺术设计专业学生的作品，他们主要来自利兹大学（英国）、汉阳大学（韩国）和延世大学（韩国）。附录 1 列出了各种示例练习和学习任务。

现阶段值得讨论的是，有些人认为当几何应用到艺术和设计中时，它必然会是一种具有僵硬几何感、有棱角的、尖线条的处理手法。并且，他们认为，更自然、自由流动的形式只能来源于某种出于自发性、没有预先确定的底层结构。显然并非如此。日本纸样模板（被称作 Katagami）以自由流动形式的表达著名，但应当注意的是，这些模板大多是用严格的几何结构支撑，从而获取出于对称和非对称考虑的一种严格测量的平衡。日本纸样模板来源于细致的规划和严谨的执行，它被用在纺织品的防染染色工艺中去做成各种形式的传统日本服装。模板裁剪的过程是有高度技巧性的，包含把设计剪成一片片的层叠桑纸，并多用网格的丝线进行加强。有人宣称这是纺织品丝印的先驱。日本纸样模板对许多艺术家和设计师的作品都有巨大影响，包括文森特·梵高（Vincent Van Gogh）、弗兰克·劳埃德·赖特（Frank Lloyd Wright）、詹姆斯·阿博特·麦克尼尔·惠斯勒（James Mc Neill Whistler）和路易斯·蒂凡尼（Louis Tiffany）。这里展示了日本纸样模板的一系列插图（图 1.1 ～图 1.12）。值得提及的是，尽管这里展示的多个例子中的设计明显是自由流动的，但它们都遵循严格的几何规则、结构和流程。这些原则在本书中都有集中的讲述。

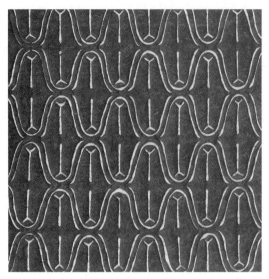

图 1.1　日本纸样模板 1，渔网 1（Fishing net 1），利兹大学国际纺织品档案馆提供

图 1.3　日本纸样模板 3，宝石 1（Gems 1），利兹大学国际纺织品档案馆提供

图 1.2　日本纸样模板 2，水面上的鹤（Cranes over water），利兹大学国际纺织品档案馆提供

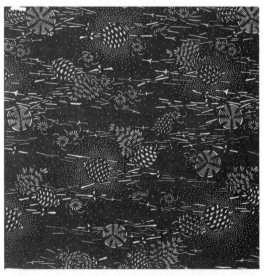

图 1.4　日本纸样模板 4，松针和松果（Pine needles and pine cones），利兹大学国际纺织品档案馆提供

图 1.5　日本纸样模板 5，宝石 2（Gems 2），利兹大学国际纺织品档案馆提供

图 1.7　日本纸样模板 7，大麻叶子（Hemp leaves），利兹大学国际纺织品档案馆提供

图 1.6　日本纸样模板 6，渔网 2（Fishing net 2），利兹大学国际纺织品档案馆提供

图 1.8　日本纸样模板 8，紫藤和茎（Wisteria and stems），利兹大学国际纺织品档案馆提供

图 1.9 日本纸样模板 9，观赏藤本（Ornamental vine），利兹大学国际纺织品档案馆提供

图 1.11 日本纸样模板 11，龙虾和水波（Lobsters and waves），利兹大学国际纺织品档案馆提供

图 1.10 日本纸样模板 10，雷、闪电和云（Thunder, lightning and clouds），利兹大学国际纺织品档案馆提供

图 1.12 日本纸样模板 12，尾巴长毛的海龟（Hairy-tailed turtles），利兹大学国际纺织品档案馆提供

第2章

基本原理及其在设计中的作用

引言

基本元素在视觉艺术与设计中都起着至关重要的作用。根据设计内容的不同,点、线、形状、尺寸、平面、质感、空间、运动、体积或色彩这些基本元素的重要性也有所不同。唐迪斯(Dondis)认为这些基本元素构成了"我们所看到的基本事物",她还认为,这些元素组合能够在某个极端条件中创造对比,同时又能在另一个极端条件下营造和谐,也可以在这两个极端条件之间提供对比或和谐(1973:39)。唐迪斯所列的极端条件(或称"技巧")中包括不稳定与均衡、不对称与对称、不规则与规则、复杂与简洁、分散与整体、透明与不透明、多样与一致、扭曲与精准、深奥与单调、尖锐与模糊(1973:16)。尽管不同的书籍提供的元素列表有所不同,这些元素的本质以及相关的元素和原则以及它们在视觉传达中所起的作用都已用于各种基本创作中。阿恩海姆(Arnheim,1954和1974)在心理学范畴全面讨论了一系列视觉元素及视觉原则的本质,其中包括平衡、形状、形式、增长、空间、光线、颜色和运动这些元素。

利德威尔、霍尔登和巴特勒展示了在与其他元素进行结合的情况下,点和线是如何成为设计师的首要考虑因素,并且解释了这些视觉原则是如何影响设计视角、如何传达信息,以及设计师如何能够改善设计作品的实用性和吸引力。更近一点,勒普顿和菲利普斯在2008年提出的元素列表里面包括了点、线、面、韵律、平衡、比例、质感、颜色、图形-背景关系、框架、层级、层次结构、透明度、模块性、网格、模式、时间与运动、原则和随机性,他们也展示了这些元素是如何成为设计师重要的考虑条件的。

关于建筑和设计中结构与形式的基本问题,学术界的见解受到了包豪斯(Bauhaus)参与设计的里程碑式作品的深刻影响。近几十年来有一些学者就发表了一些相关的评论及综合评述,其中就包括:康定斯基(Kandinsky,1914、1926)、克利(Klee,1953)、施莱默(Schlemmer,1971)、塔沃(Tower,1981)、内勒(Naylor,1985)、卢普顿和阿伯特·米勒(Lupton and Abbot Miller,1993)、罗兰德(Rowland,1997)和鲍曼(Baumann,2007)。其他还有一些作者撰写了20世纪有影响力的文章：勒·柯布西耶（Le Corbusier, 1954）、沃尔诺克（Wolchonok, 1959）、伊顿（Itten, 1963）、克里奇洛（Critchlow, 1969）、翁（Wong, 1972、1977）、皮尔斯（Pearce, 1990）、卡普莱夫（Kappraff, 1991）和钦（Ching, 1996）。本书的目的不是重申所有前述文章已写过的材料，而是确定值得用在视觉艺术和设计上的具体结构和形式。

本章将特别聚焦于点和线这两种结构元素，因为其他的元素都由此二者组合而来（图2.1）。本章采用的视角与康定斯基（1926）一致，他认为对于点和线的认识对于理解本书的首要焦点——结构和形式的本质来说至关重要。本章将进一步介绍各种简单的多边形，并对网格的本质和它们对于设计师的组织价值进行解释。

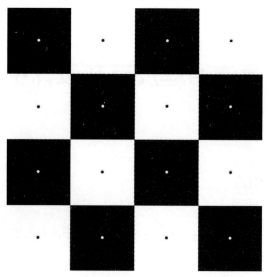

图2.1 点、线和面，伊哈卜·哈纳菲（Ihab Hanafy），2011

点—— 一种寂静之声

设计是一个将美学与实践思考考虑进去的视觉探索过程。点和线这两个特别的结构元素被认为是统筹和协助这个过程的重要构造单元，无论在我们周围的现代结构还是古代结构中都大量存在（图2.1～图2.7）。

点和线一方面具有内在的意义和价值，另一方面还具备外在的功能和应用，这两个方面对于设计师来说都很重要。在常规的几何范畴中（内在方面），点没有大小和尺度，仅仅表示一个空间位置，没有内外之分。它不可测

量，因为没有任何特征可被测量。点的位置可通过两线相交确定，并通过两个或三个坐标轴参照进行记录和表示。在物理范畴中，点等于0。在时间持续范畴中，点存在于一个个瞬间。点是静止的、寂静的，而且这种比喻性的静默是它的主要特征。康定斯基评论道："通常与点相关的这种寂静之声是如此显著，以至于除此之外的其他特征都变得暗淡。"（1979：25）。除了这种静默特征之外，点还是所有几何构造的形成来源，在浩大的几何构造中起到位置标记的作用。位置标记在设计和构造方面有着特别的重要性，点可以指示美学或实践特征的方位或位置，而这些美学或实践特征则起到支撑设计结构的作用。

如果某个点既没有尺度感又几乎或者说完全不可见，它能对设计师提供什么裨益呢？设计师致力于问题解决的过程，而这个过程

图 2.2　点 1，首尔，2010

图 2.3　点 2，首尔，2010

又总是依赖于视觉表达，经历若干连续阶段，直至这个过程完成。例如，视觉表达可能包括墨水、纸张或是屏幕上的像素点。为了推动这样的视觉表达向前发展，赋予点以有效尺度是常用的实践手法，所以一个微小的、圆形的形式（或点）就成为一个固用的形式，这就是其外在的方面，也是我们之后要讨论的话题焦点。

　　点被赋予物理形式的一个例子就是在语言和写作中，比如句点或是句号，它象征了中断、间隙或是两个陈述之间的桥梁，它将过去与未来分离，故可被视为现在。一般认为点是圆的、小的，其形状和尺度都是相对的。尺度的外在限制既取决于所在平面的相对大

图2.4 线1,首尔,
2010

图2.5 建筑线 1, 首尔, 2010   **图2.6** 建筑线 2, 曼彻斯特, 2011

图 2.7　几年前的船，2011，照片由蒙杰里米·哈克尼（Jeremy Hackney）提供

小，也与同一平面上其他对象的相对大小息息相关。至于形状，其可能性好像无所限制：三角形、椭圆、正方形，或是其他任何规则或是不规则的形状都是可实现的，不过简单的圆形最为常见。当然，从外形上看，句点仅仅是一个有实际用途的符号而已。

在建筑和其他三维设计中，点可从空间中角的终端获得（如哥特教堂的尖顶），或是两个或更多表面（平面）相交于一角（图 2.8）。其他例子还包括：箭、飞镖、刺、钢笔尖等物体的端点等。生动一点说，当点放置在如正方形这样的框架内时才获得价值。当被放置于中心时，点自在而立并作为焦点而吸引注意，当点偏离中心时，原来的安定被打乱，转化为视觉上的紧张感。点用在地图和平面上时，表示塔、尖顶、方尖塔和其他的景物方位。

所以说，点没有内容、重量、维度、内外。对其自身来说，点除了位置没有其他涵义。当一个点被赋予大小（为了使其可见）并与其他点置于同一平面时，观察者倾向于（在思维上）连接两点而创造一条明显或想象的线。同样，当三个不能连成一条线的点被置于同一平面中时，观察者的思维倾向于创造一个三角形。线当然可以是真实的（它们在平面中可表示为纸上一系列连续的记号，如用铅笔或油墨绘制），也可以是想象的。

线条和语境

所以，没有尺度的点组成了线，在几何范畴（内在方面）中，线既可被视作移动的点又可被视作两点之间的路径。在上一个案例中，线是点在外力的作用下定向移动的结果，那么线也可被视作从一个状态到另一个状态的跳跃。也可以说，当线被视作两点之间的连线时（两点分别位于两端），处于持续能量状态。然而单个点是静态的实体，线可以被看作两点之间的力，因而线处于运动状态。

概念上的线都有一个起点和一个终点，有长度无宽度，所以线是一维的。此外，像点一样，为了让这个元素对设计师产生价值，它需要具有实质性的形式（外在方面）。实际上，线之所以被赋予宽度是为了使之可见（如纸上的铅笔线条），而且可能出现任何不同的宽度（直到常识表明可测量的宽度已被创造出来）。线可具有无限长度和多种宽度（如加粗或微弱投影），可以是连续笔直的（两点之间最短距离），也可以是间断的（但保留连续性），可以是波浪形的（含有弯曲部分），也可以是成角的（锐角如60°，直角90°，钝角如120°）。线有着在心理上的影响，这个影响受到方向或定向、重量和重点以及这些特征多样性的影响。线可能是自然存在的，也可能是人为创造的——它们也许含蓄地存在于两种颜色或纹理之间的界面处。线在被视觉艺术家利用时，平面（任何平面）上的水平线用于表达平衡感，平面上的竖直线用于表达稳定感，平面上的斜线用于表达运动感，这些线条组合一起，在设计与规划的各个阶段，用来表示形状、区域或集合，以此在二维或三维空间中界定形式。

线是所有设计师、建筑师和视觉艺术家们的重要材料，还是把想象表达成视觉形式的工具。线可被赋予能量、动态、目标和焦点。当被用于表达一个概念时，线条可以变得肆意而自由（如同静态生活的速写一般），也可以变得张力十足且可测量（如同完成的工程制图一般）。

杆、圆柱和支架事实上是直线型的，如果有足够的强度，它们可以在建筑物、桥梁和大量其他设计品和建筑物中提供结构上的支撑。在已完成的设计品或建筑中，线也许不能作为清晰的直线图案而被观察到，但也可能暗含并存在于两到多种类型的表面、颜

图 2.8　点、线和平面，曼彻斯特，2011

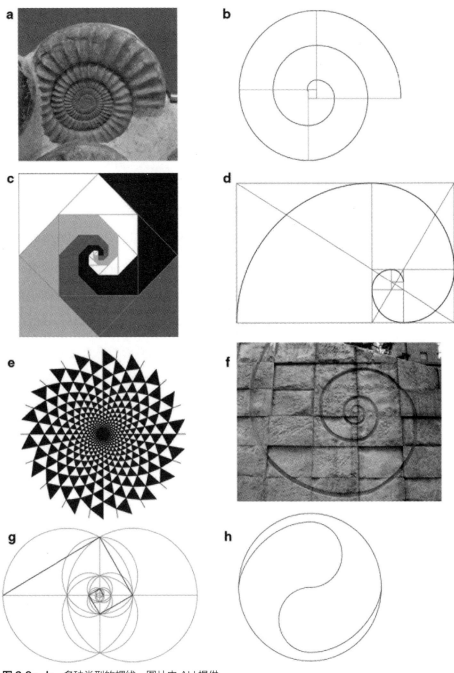

图 2.9a-h　多种类型的螺线，图片由 AH 提供

色、色调、平面或纹理的界面处。在许多建筑（图 2.8）和产品设计中，线是两平面的汇合点，或是组成了物体或结构的轮廓。排舞就是一群人在跳舞的过程中成排移动。线在

自然界中的例子还有雪的路径、轨道线、天际线、剪影、冬天的树枝、页面文本对齐线以及竖栏线、栏杆以及线性透视线。

螺线是一种有规律地改变方向的连续线。

在羊角、鹦鹉螺外壳、菠萝和松果中都可以找到自然界中的螺线型生长。螺线从古希腊时期就已经在建筑中使用了，数千年来，它成为许多文化中的装饰元素。戴维斯（Davis，1993）和库克（Cook，1914）在这些方面写了大量的论文，其中主要涉及自然界中的螺线形式。威廉姆斯（Williams，2000）也发表过一篇有趣的短文，主要涉及建筑装饰（主要是希腊、古罗马和意大利文艺复兴时期）中的螺线和玫瑰花饰。在自然界和人造世界中都可以找到螺线，并且从几何的观点来看，螺线有几种类型（图2.9a-h）。

平面、形状和形式

点和线都很容易被认为是位于平面上的。事实上，所有几何图形总是显示在平面上（例如，使用铅笔在纸上绘制）。一个平面在几何上被描述为一条移动的线，是一个有着有长度和宽度的平坦表面。平面有可能是无空隙或有孔的、单色或多色的、透明或不透明的。这样的例子有（你正在看的）这一页、一本速写本上的一页、大多数画布、大多数纸张和电脑屏幕。通过使用铅笔、钢笔、笔刷或木炭在平面上绘制点或线，设计师和艺术家们可以创作出风景画、人脸、物体、图案、印刷体、海报或其他形式的视觉表达、建筑和工程绘图及图表，这些可以传达各种定量和定性的数据。

设计师总是使用二维平面来展示结构和平面，而点和线也与这两者紧密相关。总的来说，点和线可以被用来表达二维或三维形式的结构。因此，结构被认为是（一贯）隐藏的框架或是骨架支撑形式（例如布满叶子的树枝、建筑物的钢筋主梁、规律性重复图案下的几何网格）。设计师能够在平面上表达二维和三维形式，但事实上，三维形式总是要求超过一个（平坦的）平面的汇合或组合。

形状是一件设计作品（或组成部分）的外观表达，由二维或三维的轮廓线所界定。形状的例子有：一件衣服的剪影或一把椅子、一个水壶的剪影、一个表面有图案的装饰图形、一辆汽车或一幢建筑的轮廓。在平整表面上呈现的二维或三维设计也许是由二维形状的集合或排列组成的。形状是"……图形或形式的特征轮廓或表面构型"（钦，1998：23）。阿恩海姆观察到"一个物体的物理性状是由其边界决定的，如一张纸的矩形边缘、两个表面所界定的边缘或一个圆锥体的底部"（1974：47）。

形状总是在其周围的区域或空间环境的语境中被考虑。钦（Ching）评论道："形状永远不能单独存在。它仅仅在其周围与其相关联的其他形状或空间中可见。"（1998：23）。在一系列物体的二维表达中，图样的背景区域被认为是负空间，而前景形状则是正空间。当我们观察所有这样的表达时，我们总是忽视背景负形状而集中注意力于我们认为的正形状，尽管正形状和负形状共享同样的轮廓线。轮廓线表明了一个物体组成形状的轮廓，并且在二维表面上指出了该物体不同的表面、色调明暗值或纹理之间的边界。钦针对轮廓绘图进行了很好的解释性讨论（1998：17-22）。

在 1917 年首次出版的经典专著《生长与形态》（*On Growth and Form*）一书中，达西·温特沃斯·汤姆逊（D'Arcy Wentworth Thompson）观察到，一个物体的形状有一个潜在的"受力图"，它标志或代表了各种类型能量的表现，包括物品被创造时存在的力（1966：11）。尽管汤姆逊专注于生物学这个大背景，但他所做的工作对于设计中结构与形式的背景也有很大影响。皮尔斯在建筑设计环境下关于"最小库存 / 最大多样性"准则的考虑中，也进一步发展了形式以"受力图"为基础的观点（皮尔斯，1990：xii）。

各种多边形

多边形是以直线（或边）为边界的封闭图形。三角形是一种有三条边和三个内角（每一个内角即为两边相交的汇合点）的多边形。在设计中，最常使用的三角形即为等腰三角形，即有两条相等的边和两个相等的角；以及等边三角形，即有三条相等的边和三个相等的角；还有直角三角形，即其中一个角等于 90°（图 2.10a-c）。正多边形具有相等的边长（等边）和相等的角（等角）。一个正方

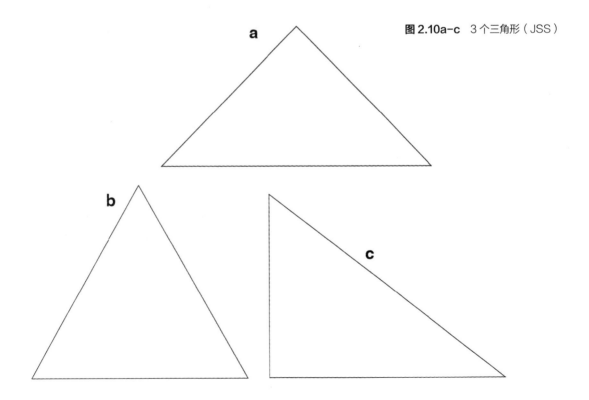

图 2.10a-c　3 个三角形（JSS）

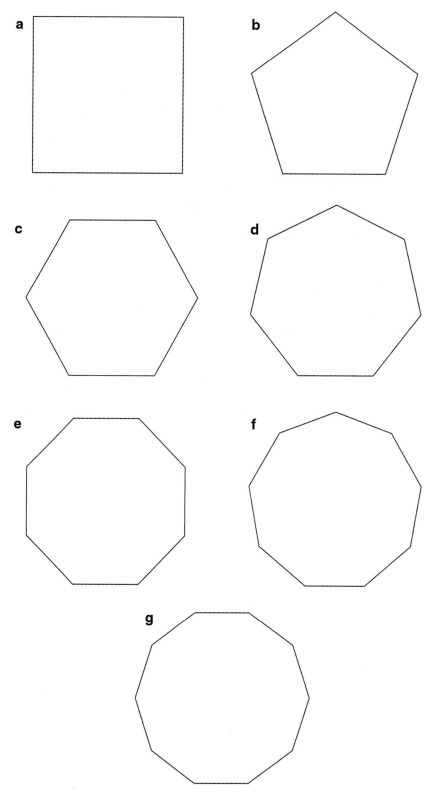

图 2.11a–g 各种正多边形（JSS）

形有 4 条等边和 4 个等角，一个正五边形有 5 条等边和 5 个等角，一个正六边形有 6 条等边和 6 个等角，一个正七边形有 7 条等边和 7 个等角，一个正八边形有 8 条等边和 8 个等角，一个正九边形有 9 条等边和 9 个等角，一个正十边形有 10 条等边和 10 个等角（图 2.11a-g ）。

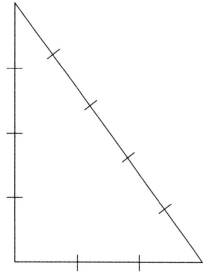

图 2.12　5-4-3 三角形（JSS）

正如吉卡（Ghyka, 1977: 22）所观察到的，最重要的非等边三角形是边长分别为 3、4、5 个单位长度的直角三角形（图 2.12）。维特鲁威（Vitruvius，奥古斯都大帝的工程师和建筑师，出了很多重要的著作）称这种 3-4-5 三角形为埃及三角形，它在古代具有重要的意义，并且似乎被用于各种埃及金字塔的构造中（卡普莱夫，2002: 181）。这种三角形与拉绳者（或操绳师）相关联，拉绳者似乎是第一代土地测量员或工程师。当每年尼罗河的地下水回落，需重新绘制适合耕种的土地标志时，他们就会被派遣出去，以便使上交给法老的赋税能够得到公平的评估。这项任务是通过使用一根某种类型的测量棒和一条十二等分的绳子来实现的（以便创造边长为 3、4、5 的直角三角形）。后来，古希腊人也使用这种 3-4-5 三角形。根据吉卡的说法，这样的一种三角形被称为"毕达哥拉斯（Pythagoras）或普鲁塔克（Plutarch）的神圣三角"。古波斯（阿契美尼德王朝和萨珊王朝，Achaemenid and Sassanian）的建筑家也使用这类三角形（吉卡，1977: 22）。

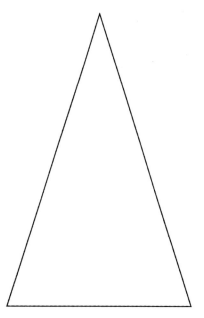

图 2.13　36° 等腰三角形（JSS）

从艺术和设计中结构和形式的观点来看，第三种重要的三角形是最小角为 36° 的等腰三角形（图 2.13）。吉卡（1977: 23）将其称为"庄严三角形"（sublime triangle）或"五

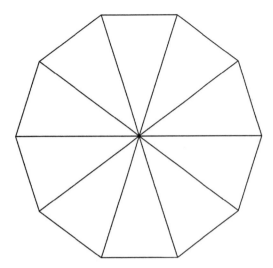

图 2.14 十个 36° 等腰三角形（JSS）

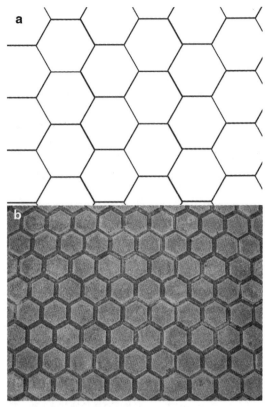

图 2.16a-b 正六边形网格（JSS）

角星形的三角形"（triangle of Pentalpha），这很可能是因为其可以用于创造正五角星形（五角星）。同样值得注意的是，如图所示，10 个这样的图形还可以精确地组成一个正十边的图形（或十边形）。这很容易达成，因为每个小角为 36°，10 个这样的角刚好构成 360°（图 2.14）。

某些正多边形组合能够产生各种铺砌设计。在本书中，铺砌是指没有间隙或重叠地覆盖着平面的多边形形状的组合（在第 4 章中将进行详细讨论）。三种基本的铺砌类型包括三种不同正多边形的组成单元：等边三角形（图 2.15a-b）、正六边形（图 2.16a-b）以及最

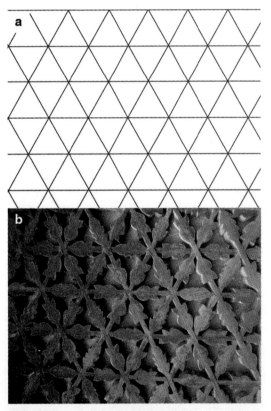

图 2.15a-b 一种正三角形网格（JSS）

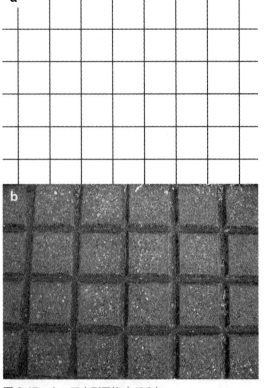

图 2.17a-b 正方形网格（JSS）

常见的正方形（图 2.17a-b）。

网格和标线

网格是线条的组合，通常均匀隔开，一半水平延伸，与垂直穿过平面的另一半成90°角。至少从工业时代开始，网格在设计和建筑中就具有至关重要的地位（但有很多证据能够证明它们之前就已经被使用了）。网格的价值不仅仅在于将三维物体的印象置换到正在绘制的表面上（正如一些欧洲艺术家在16世纪所做的那样），而且在于其作为组织结构，能够帮助确定设计成分的精确相对位置。网格为实现设计中的构成视觉元素或其他视觉布局之间的和谐关系提供了基础，因此，对艺术家和设计师来说具有重大的潜在价值。

网格也许基于一些特定的几何结构，而这些几何结构反过来也许产生特殊的比率或比例，又或许，线的交界点处成为设计或其他构图中关键元素的理想位置。正确的位置可以赋予视觉构图以平衡。平衡可以保持组成成分结合在一起，而且经常通过简单的反射对称，在网格上放置相同形状和尺寸且与轴两侧等距的部分（或一面虚拟的双面镜）来实现。平衡也能够通过下面这种方式来实现：将构图中的元素反对称放置，在网格上进行类似于跷跷板的排列，重的一端距离支点很近，由轻的一端远离支点来达到平衡。

网格提供了结构框架以此来指导设计的开发和组成部分的放置。正如典型信纸上的水平定向线，其作为标线来确保书写的水平定向，网格在如楼层平面图、景观布局、建筑立面和工程图纸中也是有用的定向工具。各种网格在样式和铺砌设计中组织重复性单元方面很有价值。在纺织品的设计中，方格纸（称为点纸，在相邻 8×8 的块中进行排列）被用来指出所需的螺纹交错（图 2.18a-b）。通常，该过程服务于设计师和生产者活动的中间阶段。确实，许多技术精湛的手工地毯编织者（例如 21 世纪前十年的贝都因人）对于设计只能遵循着在坐标纸上以方格形式呈现的历史悠久的图案，这些图案里面包含着关于尺寸、颜色和纱线类型的符号，尚不能与预期中完全着色、精确绘制的图样完全相符。在 20 世纪早期和更早的时候，大部分欧洲的华丽纺织品（使用提花织机）的编织都依赖于设计师和编织者们分阶段来完成。通常，编织者没办法处理一件完全着色的设计作品，而是要求将设计处理为最初的网格或方格纸形式，再将其转移到一系列穿孔卡片上（为了设定织机的程序）。与此相似，编织点纸（具有点阵）显示的是在编织过程中针上纱线的循环预期布置。在过去的几年中，排版中的网格一直被用作一种构图手段，用

来确保文本的纵列对齐、精确的间距以及页面模板的一致性。

网格不仅能够作为结构框架来指导设计的开发，有时还能够作为一件已完成设计的最终视觉特征。20 世纪晚期一个经常引用的例子就是高层建筑，其总是展示了钢筋、水泥和玻璃的网格结构（图 2.19）。从远处来看，风景中的耕地展示了网格结构：通常，这些耕地是不规则的，尤其是在小农经济占主导的情况下。有时在公私结合或国有制是主要特征的地方，相对较大的区域会被分割出来用于耕种，并且，较大的矩形或正方形形成

图 2.18a-b 点纸设计及相应的纺织品

图 **2.19**　首尔的高层建筑，2010

了规则景观网格中的单元格。

在规律性铺砌和样式（分别在第 4 章和第 5 章中涉及）的建构中，由给定尺寸的正方形、等边三角形或六边形构成的规则网格经常被使用。通过特定比率或比例的使用构造出的一些其他网格类型，在规划阶段对设计师很有价值。因此，从标准的 1 : 1 网格中，可以产生其他整数比的网格，如 1 : 2、2 : 3 或 3 : 4（图 2.10a-d）。此外，网格也可以给予如 1.618 : 1 之类的特定比例，该比例在自然中可经常被发现，并且根据大量学者的说法，该比例在过去 2000 年甚至更久之前就已经为艺术家、设计师和建筑师所使用了（该比例将在第 6 章中进行讨论）。

设计师也应当意识到基于纸张尺寸的 DIN 系统网格。这样的网格不按照基于之前提到的三种正多边形的网格重复方式进行重复，而是提供一片区域，该区域作为（对称的或反对称的）框架，基于此来放置设计或其他构图中的关键成分。例如，这些关键成分可以是网页或海报设计中的文本或图像，风景设计中铺设的路面、路径、耕地、墙面或梯田，地毯或其他表面图案设计中的图案区域、背景、颜色、光照或阴影。一种值得的练习就是拿一张标准尺寸的纸（如 A4 纸），将其四等分（图 2.21a），随后以 1 : 1.414（在 A4 纸中，即为短边长比长边长的比例）的比例分割这些部分，将每个连续的划分部分放在前一个上（图 2.21b-c 展示了两个连续的阶段）。所得到的矩形单元格的尺寸不等，它们关系和谐，并且展示了几何互补性（那就是，尽管实际尺寸不同，这些几何单元格相互之间都很融洽）。术语"几何互补性"（*geometric complementarity*）是参考几何图形的趋势提出

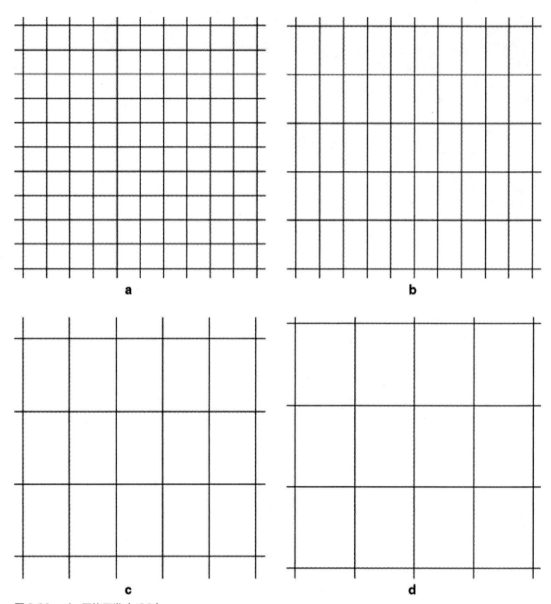

a

b

c

d

图 2.20a-d　网格开发（JSS）

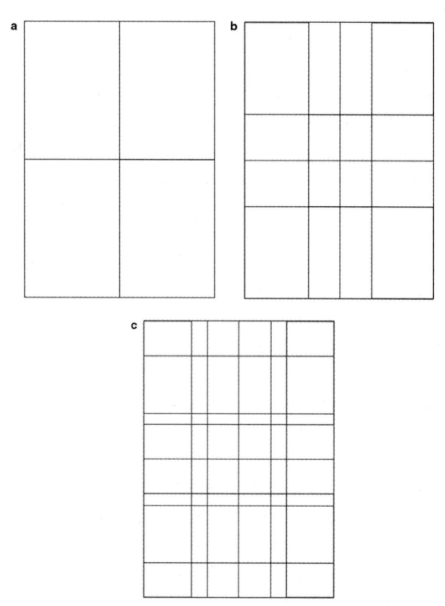

图 2.21a-c　A4 纸的细分展示（JSS）

的，这些几何图形来源相同但尺寸不同，相互之间在视觉上非常融洽，尤其是如果它们拥有相同比例的话。在之前描述的案例中，一张标准尺寸的纸张划分，通过提供放置构图中关键视觉成分的区域，达成了创造平衡、和谐的构图模板。之后将介绍更多的种类，它们与接下来要说明的多种重要的结构相关。

三分法是一种编辑或构图技术或准则，它通过将设计区域（通常是二维平面）的水平和垂直方向各划分为三部分，因此产生出有 9 个矩形和 4 个交点的网格。这些交点经常（然而并不总是）作为审美点，放置设计中的关键视觉特征或实际成分。人们认为，意大利文艺复兴时期的画家使用这项技术作为构图手段。在现代，它通常被用于新闻摄影、海报以及网页设计上（利德威尔、霍尔登和巴特勒，2003：168）。

当网格被用作构图工具或作为布置设计元素、物理特征、颜色或质感的标志时，我们绘制与人造、建造或创造的物体相关的设计的时候，其尺寸就会是一个至关重要的考虑因素。因此，在设计过程一开始，设计师就必须决定当实际实现设计时，网格的一个单元格是相当于 10 厘米、1 米还是 50 米。尺寸当然是一个相对的概念。只有当与相似的物品、形状或形式（其看起来尺寸较小）比较时，一件物品、形状或形式才能在尺寸上看起来较大。设计师心里总是关注特定的应用比例，尽管一些设计理念要求成果要在各

种规模下都可以应用：便携尺寸（例如手机屏幕或杂志页面）、海报尺寸（1 米高）或者大规模的（例如影院屏幕或大幅广告牌）。在一个构图中，尺寸上的对比可以吸引观看者的注意力并且产生距离感：较小的形状看起来较远，而较大的形状似乎就在面前。公路交通图有特殊的比例（例如：1 厘米比 1000 米，即图上的 1 厘米代表 1000 米的道路）。对于大部分设计师（特别是那些涉及产品、纺织、时尚、室内和建筑设计的人）来说，人体的尺寸是关键的参考点。如果早期设计过程没有考虑尺寸，尽管设计有可能在电脑屏幕或纸质网格上看起来很好，但是所得到的设计可能不太适用于预期的最终用途。儿童的艺术作品在线性视角规则的理解上通常是令人困惑的（图 2.22）。

对创意从业者的作用

通过对规则性网格进行改进，我们就可能得到各种成角度的网格以及弯曲的网格（图 2.23a-d）。连续性单元格的尺寸可以被缩小或增大，并且它们的方向以一种系统性的方式进行调整（如图 2.24）。利用常用的软件，我们还可以进行进一步的操作（图 2.25a-k）。

我们在此会提到一些基于规则网格的系统性变化。垂直和水平之间的平衡可以通过一个或两个方向的调整，将独立的单元格改为矩形来实现（图 2.26a-d）。这是接下来的

图 2.22　佚名儿童艺术家，首尔，韩国，2008

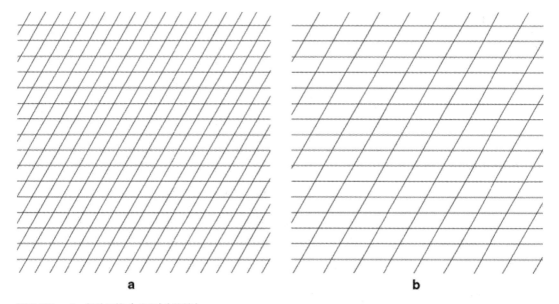

图 2.23a-d　各种网格（JSS）（待续）

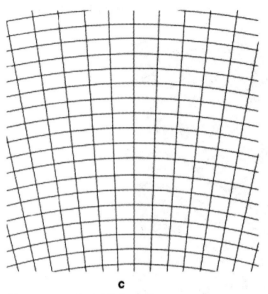

c

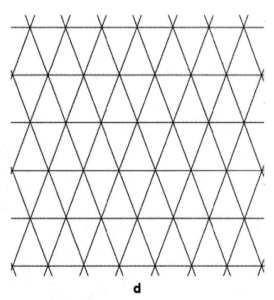

d

图2.23a-d 各种网格（JSS）

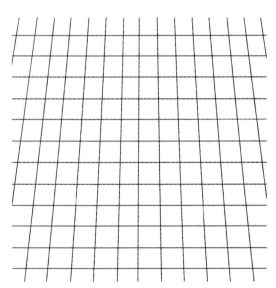

图2.24 略微改变尺寸的网格（JSS）

一章中将深入探讨的主题，我们将会把注意力集中于各种特殊比例的矩形。线的方向和角度能够进行改变，从而产生各种菱形（图2.27a-d）。单元格的行或列能够左右或上下移动，并且会系统性牵动所有的行列或交替

的行列（例子如图2.28a-b所示）。组成的水平线或垂直或二者都能够以一种有规律的方式弯曲或成角度，确保形成相同尺寸和形状的单元格系列（图2.29a-d）。通过在简单的正方网格中进行系统性的操作，也就是通过组合、移除和简单的颜色变化，可以产生许多其他变化。所有这些变化的技巧能够用于其余两种常用的规则网格（单元格为等边三角形或正六边形），产生同样的多样化效果。

对于想要产生一系列规则性重复图案的设计师来说，网格结构以及其多样性当然是很有利的。我们将在第4章中看到的，大量的铺砌设计与网格具有同等的作用，并且对于想实现一系列规律性重复图案的设计师来说，这些铺砌设计也能够提供理想的平台。

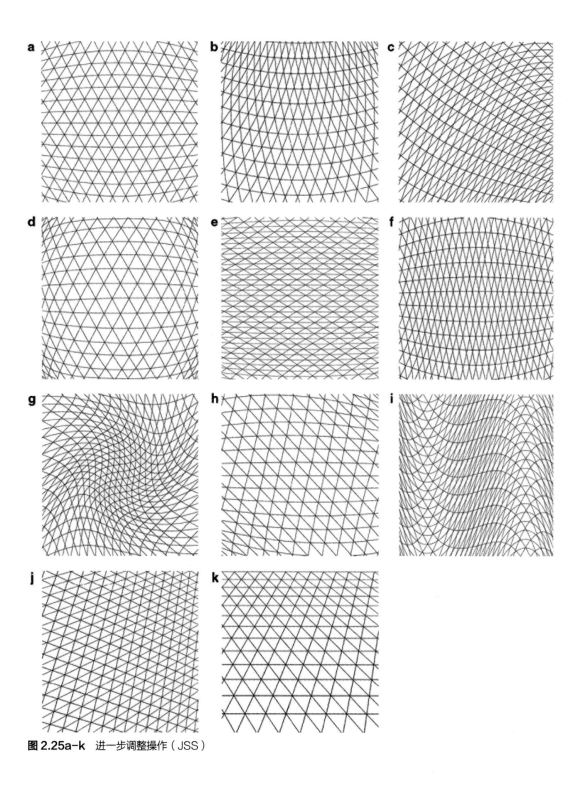

图 2.25a-k　进一步调整操作（JSS）

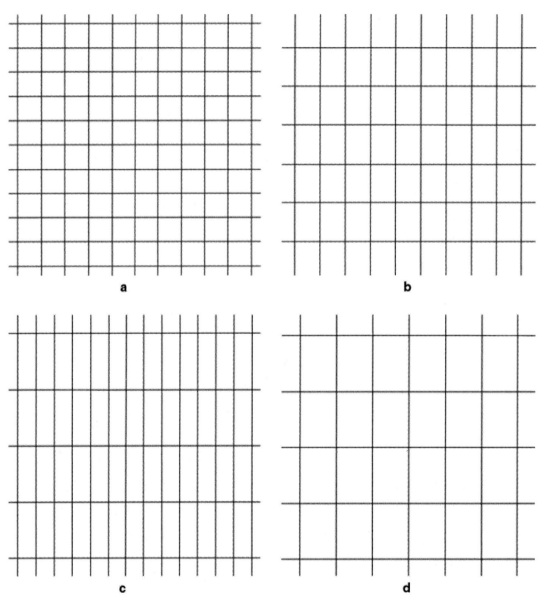

图 2.26a-d 调整单元格尺寸（JSS）

图 2.27a-d　调整方向（JSS）

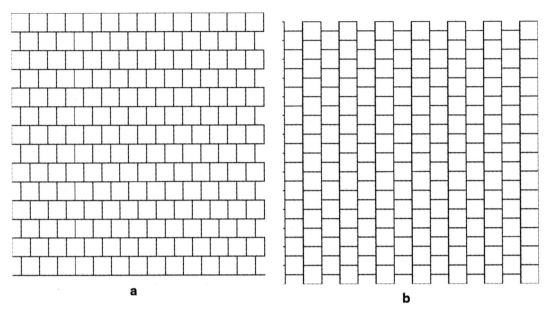

图 2.28a-b 横向及纵向滑行（JSS）

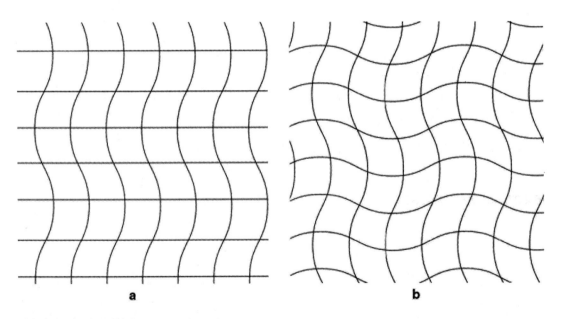

图 2.29a-d 弯曲或成角度（JSS）（待续）

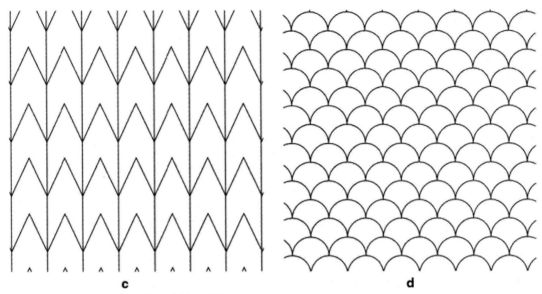

图 2.29a-d　弯曲或成角度（JSS）（接上页）

本章小结

　　本章聚焦于艺术家和设计师使用的两种基本结构元素：点和线。在严格的几何术语中，点没有方向性并且仅表示位置，而线仅是一维的，并且被认为是两点之间的连接。为了使点和线对艺术家和设计师有价值，它们需要被赋予实际的存在。总体来说，点和线能够被用来表示结构和形式。本书认为，结构是支撑形式的框架，该框架不论是在二维还是三维空间中往往都是隐藏的（尽管我们总是在二维平面上进行展示，如用铅笔在一张纸上进行绘制）。本章还介绍了一系列封闭的几何图形，包括等边和其他三角形以及包括正方形、五边形和六边形在内的正多边形。术语"几何互补性"是参考几何图形的趋势而提出的，这些几何图形来源相同但尺寸不同，相互之间在视觉上非常融洽，尤其在当它们拥有相同的比例时。本章也介绍了一系列规则性的网格，提出了可能的系统变化和转化的选择。同时，本章还特别强调了这些结构对于艺术家和设计师的价值。

第3章

矩形

引言

在设计环境的背景之下，几何结构是一种决定性的约束。欧几里得几何（Euclidean geometry）是几何学的分支，我们通过这一分支可以获取二维平面和三维空间中结构元素、图形、形状和形式的相关知识。人们认为，欧几里得和其他古希腊几何学者基本上都熟知古埃及文士和祭司的智慧［希思（Heath），1921］。欧几里得几何知识从古希腊流传到古罗马，再到拜占庭以及多样的伊斯兰文明。中世纪之前的欧洲，几何知识在特定的群体之间秘密地传递，并一代代传给优秀的建筑师和工匠们。欧几里得时期的多种几何结构知识在 21 世纪的大背景中仍是有价值的，为此，本章将解释和举例说明在装饰艺术、设计和建筑中使用的及与其相关的结构。

各种有用的结构

尽管人类的经验大部分是基于三维世界的，但对设计师而言，甚至在 21 世纪，可视化总是依赖于由铅笔或钢笔在纸上作出的印象。特定的基本几何结构大多仅仅依赖于一副圆规和直尺的使用，建筑工人、建筑师、设计师和艺术家已经充分利用这些结构超过 2000 年。为了达到视觉上最令人满意和实践中最实用的效果，人们挖掘出各种结构并将其应用于骨架中，以有助于物品或建筑的装饰和使用。这些建筑物的选择或许经历了自然界中试验、错误、选择、改善的过程而产生。一些研究者已经尽力来恢复（在一些情况下，并且应用）主导多种几何结构的几何法则，其中包括汉比奇（1926）、爱德华兹（1932 和 1967）、吉卡（1946）、布鲁内斯（1967）、克里奇洛（Critchlow，1969）、卡普莱夫（Kappraff，2000 和 2002）以及斯图尔特（Stewart，2009）。除了圆形、正方形和正多边形等简单的图形，其他特定的图形和结构对设计师、艺术家和建筑师也特别重要。其中包括所谓的"尖椭圆光轮"（vesica piscis）、勒洛多边形（Reuleaux polygons）、神圣切割的正方形（the sacred-cut square）、根号矩形（root rectangles）以及布鲁内斯星（国王之星，Brunes Star），所有这些都将在本章中讨论。相关的结构将会在之后的章节中进行讨论。

　　线条连接成形状。一般意义上可以认为，圆形、正方形和等边三角形这三种基本形状可以通过自身或其组合变化产生所有可能的结构图形。每种基本形状都可以表达一种或多种取向或方向：圆形表示弯曲的元素，正方形表示水平的、垂直的元素，等边三角形表示直的、水平的以及斜的元素（Dondis，1973：46）。

　　正如第 1 章中提到的，一条直线可以看作两点之间的路径。当固定第一点，该直线以此点为中心在平面内旋转时，第二点就形成了一段弧线。如果旋转 360°，则形成了半径等于该直线长度的圆。在几何术语中，圆是由与中心点等距的一系列连续点围成的区域。圆的边界即为圆周。半径是从中心点延伸到圆周的任意直线。弦是连接圆周上任意两点之间的直线。圆的直径是连接圆周上两点且穿过圆心的直线，其长度是半径长度的两倍。因此直径是最长的弦。

　　圆是能够准确绘制的最简单的几何图形，同时它也是构造许多其他几何图形的一个重要元素。它在视觉艺术中有许多用途，并且在许多其他事物中，它与光环、彩虹、婚戒、转经轮、教堂圆花窗、西藏曼陀罗以及新石器时代的石圈都有着联系。缺少圆，几何学将会失去方向，变得没有实际功能或意义。我们很难想象一个没有圆或任何弯曲元素的世界。设计中圆的形式（通常被称为圆花饰）

可以追溯到古代，古埃及、古巴比伦、古亚述、古希腊和古罗马都意识到了它们的重要性。它们在现代城市环境中也很常见（图 3.1a–c）。据说，大型软件公司在面试公司的岗位时，通常询问其入围的候选人为什么大多数井盖是圆盘形状而不是方形或其他一些规则的几何形状。

图 3.1a–c　井盖，西班牙，2008；汉阳大学，首尔，2010；东京，2008

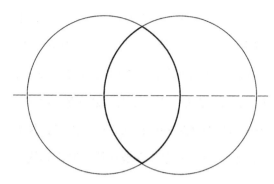

图 3.2 "尖椭圆光轮"（JSS）

视觉艺术中一个重要的几何图形就是"尖椭圆光轮"，这是由两个半径相同的圆交叉组成的一种结构，每一个圆的中心在另一个圆的圆周上。该图形的构造相对简单。首先绘制一条直线，接着使圆规的定点位于该直线上，作一个圆。圆规的半径不变，作第二个圆，与第一个圆部分重合（图 3.2）。重合的区域（图中粗线所围成的区域）即为"尖椭圆光轮"。由于其扁桃仁的形状，它也被称为 mandorla（意指一种椭圆形的装饰板）。"尖椭圆光轮"具有古老的历史渊源，它与基督教神秘主义相关，并且在拜占庭和意大利文艺复兴时期作为基督的象征（Calter，2000：13）。四个"尖椭圆光轮"组合产生了一个八角星（Calter，2000：12）。该结构在印度、美索不达米亚和西非的古文明中比较有名。劳洛尔（Lawlor）在其《神圣几何学》（Sacred Geometry，1982：31–34）一书中简要探讨了与该图形相关的神秘主义。

"尖椭圆光轮"的重要性在于它能够产生别的结构。例如，图 3.3a 显示了等边三角形

的结构，图 3.3b 显示了正六边形的结构。可以添加第三个（相等的）圆，产生的三圆图可以作为构造正六边形的替代方式。再添加两个（相等的）圆可以产生一种 4 片花瓣的图形（图 3.3d）。众所周知，给定尺寸的 6 个圆恰好位于相同尺寸圆的七分之一处（图 3.3e）。围绕一个中心圆绘制的 6 个圆可以产生一种 6 片花瓣的图形（图 3.3f）。进一步的发展如图 3.3g 所示。连接密排或重叠圆中相邻圆的中心，则可以产生在砖格设计中有价值的各种网格（在第 4 章中进行说明）。

值得注意的另一类结构是勒洛三角形（以及其他勒洛多边形）。如果你观察一枚英国的 20 或 50 便士的硬币，你将会发现它的边缘不是直的而是弯曲的。事实上，每一边缘都是一段中心在对角的弧。勒洛三角形可以通过两种方式进行构造：一种是通过连接三个重叠圆的三个圆心（图 3.4 的阴影区域）；另一种是通过添加以对角为中心点的圆弧来圆化等边三角形的每一边（图 3.5）。这种以及类似的图形（都来源于有奇数边的等边多边形）都以一位德国工程师弗朗茨·勒洛（Franz Reuleaux，1829-1905）的名字来命名。

在不同的文化和不同的时期，某些比例系统的使用与宗教规定紧密相关，这些情况很可能发生在古埃及、古印度以及古罗马。而在建筑设计中，挑战则在于如何处理好技术与审美的问题，以及确保最终的建筑物符合人类比例的必要性。

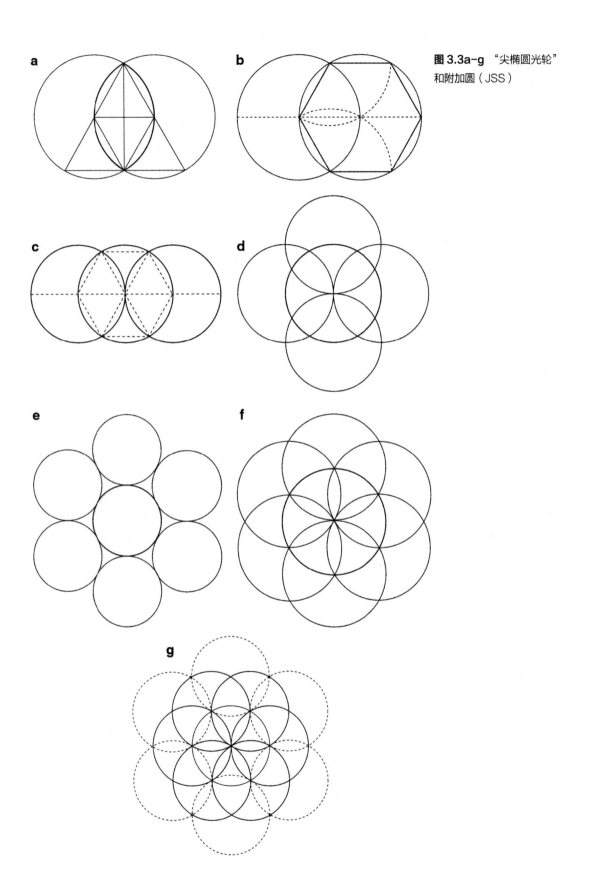

图 3.3a–g　"尖椭圆光轮"
和附加圆（JSS）

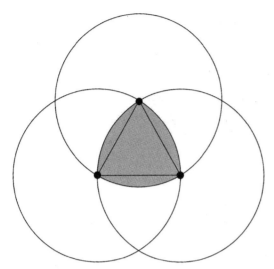

图 3.4 勒洛三角形 1（JSS）

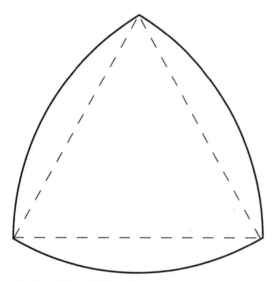

图 3.5 勒洛三角形 2（JSS）

马尔库斯·维特鲁威·波利奥（Marcus Vitruvius Pollio，约公元前 70～公元前 25），通常被称为维特鲁威，是为奥古斯特大帝（Emperor Augustus）服务的罗马建筑师和工程师。维特鲁威创作了一部关注建筑学及其主题的专著（包括 10 本书），它们中的大部分可能来自于早期希腊思想家遗失的

文本。该书参考了幸存的最早的建筑古典样式。在整本书中，他都一直强调几何学和几何结构的知识对于建筑师来说非常重要。关于庞贝古城（Pompeii）和赫库兰尼姆古城（Herculaneum）的分析表明许多古罗马房屋的设计都是基于比例与方形相关的系统。其中一个特定比例的系统就是基于著名的神圣切割的正方形。卡普莱夫（2002：28）参考了瓦茨（Watts，Watts and Watts，1986）的著作，描述了对这种特定的比例系统的使用，例如，罗马奥斯提亚（Ostia）港口的部分挖掘现场我们就可以看到它是如何被运用的了。现场出土了被称为花园洋房（Garden Houses）的复杂建筑物，其结构似乎与神圣切割的正方形非常相符。其构造如下：首先绘制一个有两条对角线（连接对角的线条）的正方形，然后使圆规以正方形的一个顶点为中心，将圆规打开到对角线的一半（与另一条对角线的交点处），绘制一段圆弧与正方形的两条垂直边相交。分别以正方形的另外三个顶点为中心，重复此过程，使得正方形的每一条边都有两个交点。绘制连接这些交点的两条垂直线和两条水平线，中心的正方形即神圣切割的正方形就这样形成了（图 3.6）。通过在该神圣切割的正方形内重复该过程，神圣切割的结构能够一直向内延伸。卡普莱夫（2002：29，32）表明，双系列区域可以从一系列神圣切割的结构中得到。并且，他总结道，基于神圣切割结构的系统是

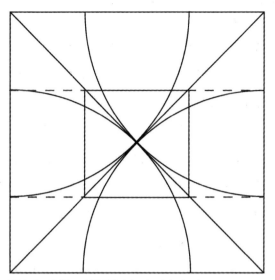

图 3.6　构造一个神圣切割正方形（JSS）

图 3.7　正方形中的对角线（JSS）

一个成功的比例系统，因此在建筑及其他结构中非常有价值。

静态和动态的矩形

卡普莱夫认为，比例重复的原则在意大利文艺复兴时期是众所周知的，而且它对汉比奇解释的动态对称性以及动态矩形的概念十分重要。汉比奇的著作对此处强调的多种概念的发展都有很重要的意义。在《动态对称性元素》（*The Elements of Dynamic Symmetry*）一书中，汉比奇介绍了各种类型的矩形结构，这些结构大部分基于正方形及其对角线（即一条从内角到其内对角的直线，图 3.7），以及基于正方形及其一半的对角线（即从一个内角到其对边的中点的对角线，图 3.8）。第一种类型即为根号矩形，第二种即为

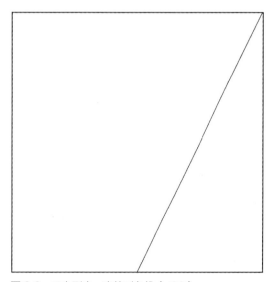

图 3.8　正方形中一半的对角线（JSS）

旋转正方形的矩形，两种类型都可被称为动态矩形，与静态矩形相区分。相比之下，静态矩形可以通过简单地将矩形多等分来形成，例如，一个正方形及其一半、四分之三、四分之一、三分之一、三分之二等。动态矩形似乎有很大的实用价值，并为 21 世纪整个设

计学科领域的从业者提供了巨大的潜力。基于这一点，在接下来的部分中将进一步阐述和解释它们的结构。

根号矩形

根据汉比奇的说法，矩形及其对角线是形成古希腊和古埃及人用于设计建筑物、纪念碑和雕塑的一系列矩形的基础。这些矩形被称为根号矩形并且按如下方式进行构造：如图 3.9，ABCD 是边为单位长度的正方形。

因为正方形（边长等于单位长度 1）的对角线的长度等于 2 的平方根（或 $\sqrt{2}$），则对角线 DB 的长度等于 $\sqrt{2}$。以 D 点为圆心，DB 为半径，绘制一条弧线 BF 如图所示。则线段 DF 的长度等于 DB，也即等于 $\sqrt{2}$。因此矩形 AEFD 即为一个根 2 矩形。以延长的对角线作为半径，逐步产生根 3（$\sqrt{3}$ =1.732）、根 4（$\sqrt{2}$）和根 5（$\sqrt{5}$ =2.236）矩形，连续的矩形可以按如图所示的方式产生。因此在每种情况下，根号矩形较长的边长为根号值，较短的边长为 1。可以持续执行该过程

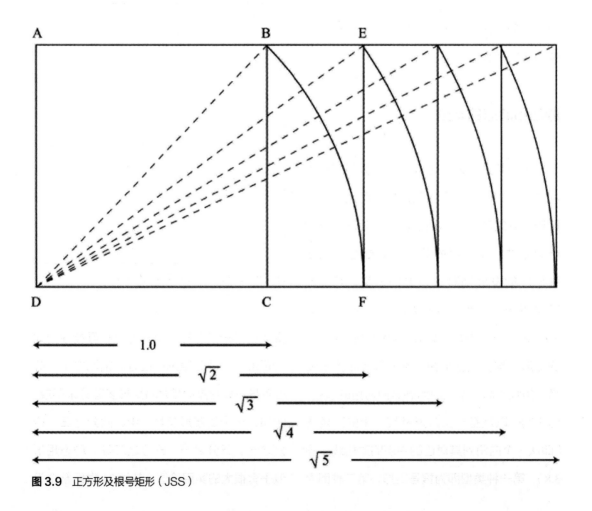

图 3.9 正方形及根号矩形（JSS）

以不断产生更高阶的根号矩形，但是汉比奇认为，出于实践的目的，根 5 矩形是在设计中找到的最高阶矩形。有意思的是，如果以这些根号矩形的长边为边长构造一个正方形，它的面积将会是以短边为边长构造的正方形的面积的偶数倍。例如，以线段 DF 为边构造的正方形的面积，将会是以线段 AD 为边构造的正方形的面积的两倍。这同样适用于后续的矩形。

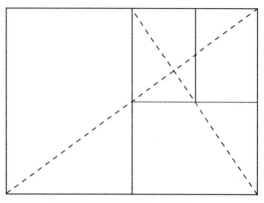

图 3.10　根 2 矩形的图示及细分（JSS）

　　图 3.10 ~ 图 3.13 给出了每个根号矩形直到根 5（使用之前描述的方法构造）的图示。汉比奇确认，以特定方式划分矩形可以产生它们的互逆，而且古希腊人似乎已经使用过这种方法。汉比奇认为："一个矩形的互逆是形状上与原来的矩形相似但是尺寸较小的图形"（1967：30）。由图例中可知，每个根号矩形可以再细分产生相同阶的更小的根号矩形，

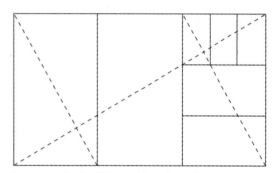

图 3.11　根 3 矩形的图示及细分（JSS）

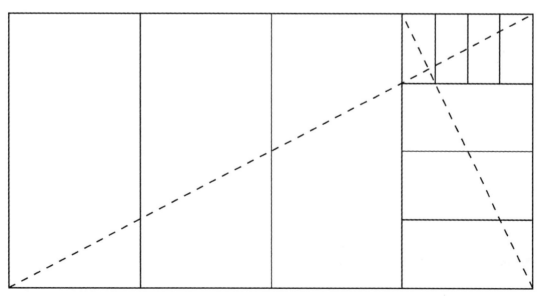

图 3.12　根 4 矩形的图示及细分（JSS）

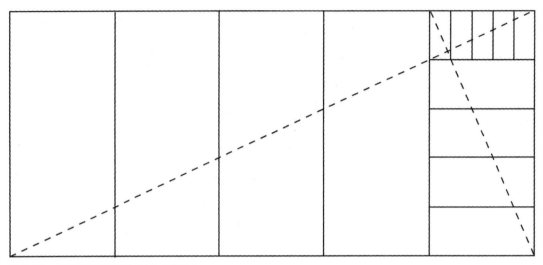

图 3.13 根 5 矩形的图示及细分（JSS）

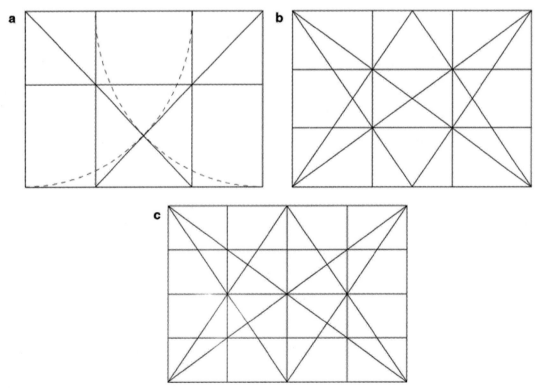

图 3.14a-c 矩形的对角线和划分（JSS）

这些细分的根号矩形又可以进一步细分产生更多的同阶根号矩形。这些较小的根号矩形是上层矩形的互逆。按照 3.14a-c 所示的方式，通过放置对角线和进一步划分，所有提到的根号矩形都能够产生有趣的比例和细分。

如图 3.15a 所示，汉比奇介绍了一种特殊的矩形，该矩形从绘制一条到正方形的中点的对角线的结构中得到。由于通过该图形本身可以构造一系列连续的正方形（图 3.15b），他将该图形称为"旋转正方形的矩形"。连续的互逆形成正方形，并且这些正方形排列成螺旋形，"围绕着一个极点或视角无穷旋转"（汉比奇 1967：31）。将区域编号 1、2、3、4、5 等，以此来标识由该过程形成的连续（或者"旋转的"）的正方形。该矩形（这将在第 6 章中再次讨论）以及多种根号矩形的最重要的特点可能在于每一个都能产生一系列进一步的成比例的图形。

汉比奇确定了大量的比例，这些比例似乎在自然中被发现并被应用于古希腊建筑中。此外，参考多种比例、互逆、半比、半互逆，

他提出了一系列由此构造的矩形。他认为，设计师将会发现这些作为构图工具的价值。

在针对汉比奇工作的评论中，吉卡说道：

通过对称细分和组合，动态矩形……能够产生非常多样化和令人满意的和谐效果，并且这将是非常简单的过程……在所选择的矩形内绘制一条对角线，并且以剩余两个顶点之一为起点，绘制到该对角线的垂线，从而将该面划分成一个互逆的矩形……然后绘制任何到边或到对角线的平行线或垂直线的网络。该过程自动产生了与原矩形的特征比例有关的表面，并且也避免了（同样是自动地）相矛盾主题的混合。（1977：126-127）

因此，吉卡观察到，当相同来源的比例相结合，并被用于同一组分时，它们可以体现出在视觉上搭配的倾向。这是一个至关重要的观察发现，且是 21 世纪的设计师们值得关注的发现。举例来说，严格按照由汉比奇（1926）、吉卡（1946）及伊拉姆（Elam，2001）提出的系统性步骤，比例为 1.6180：1（旋转正方形的矩形的比例）的一系列矩形已

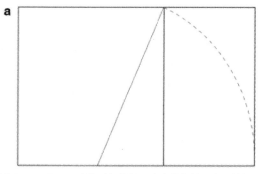
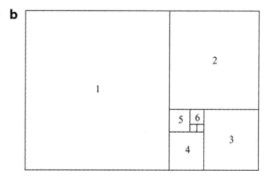

图 3.15a-b　一半的对角线以及产生的旋转正方形的矩形

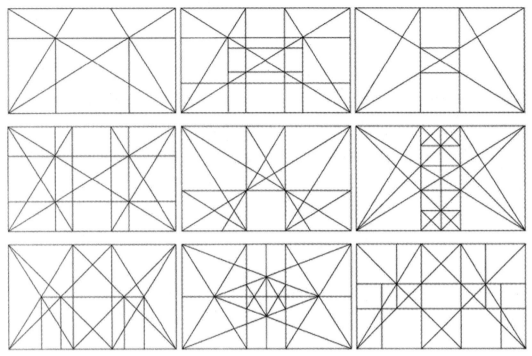

图 3.16 旋转正方形的矩形的多种分割（JSS）

经被分割出来。

我们应当意识到，在文学作品中研究者们趋向于认为一个将比例作为关注点的系统是唯一有价值的系统。这显然不是事实，例如，尽管汉比奇的系统对设计分析师和设计从业者而言有巨大的潜在价值，但不适用于所有的情况。另一项研究已经证实了圆形或正方形在设计过程中作为几何基本要素的价值。或许最吸引人的是所谓布鲁内斯星（Brunes Star）结构的观察和注解，这种特殊的结构将是接下来部分的重点。

布鲁内斯星（国王之星）

设计师、建筑师、建筑工人和艺术家对

某些几何结构的历史性用途一直存在争议，被称为布鲁内斯星的结构就是其中一种。该结构是一种八角星，以丹麦工程师滕斯·布鲁内斯（Tons Brunes，1967）的名字命名，有时用于装饰（图 3.17），但更多的是作为一种基底的结构性装置。通过将一个正方形分割成 4 个相等的正方形，以及添加多条半对角线，可以形成布鲁内斯星（图 3.18），也可以添加全对角线进行构造。

可以看出，当在该结构内绘制通过交叉点的线段时，可以形成各种等分段（如，在连接对边中点线的任一侧）（图 3.19）。基于此，有人认为，该结构可以用于缺少标准测量系统的情况（例如，卡普莱夫，2000）。该结构另一有趣的方面在于它可以作为构造直

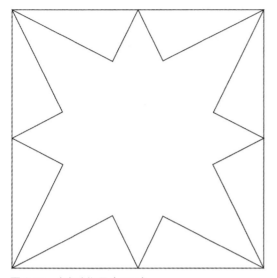

图 3.17　布鲁内斯星（JSS）

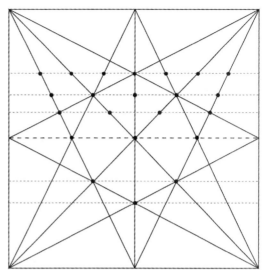

图 3.19　布鲁内斯星及其交叉点（JSS）

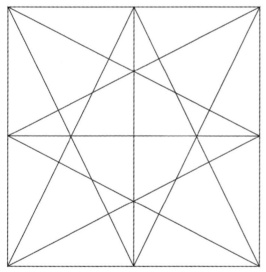

图 3.18　布鲁内斯星的分割（JSS）

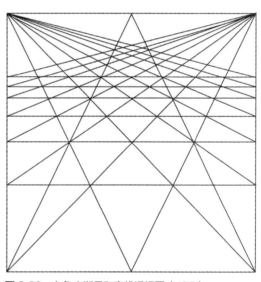

图 3.20　布鲁内斯星和直线透视图（JSS）

线透视图的线条的基础（图 3.20）。布鲁内斯星在当代相对容易构造，但是我们需要依赖于一个完美正方形，而有人（卡普莱夫及其他人）认为，一个完美正方形的构造在古代并不是一件简单的事。在关于布鲁内斯星本质的讨论中，卡普莱夫（2000）作了有趣的猜想：在缺乏相关知识尤其是如何构造一个正方形的知识的情况下，一系列边长为 5-4-3 的三角形（特别是最终在布鲁内斯星中发现的 4 个更大的边长为 5-4-3 的三角形）就被用来构造正方形，因此，三角形不是该布鲁内斯星结构的副产物（图 3.21）。人们已经接

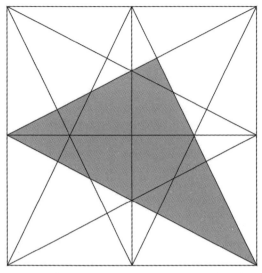

图 3.21 布鲁内斯星及其较大的 5-4-3 三角形之一
（JSS）

受，构造一个正方形的知识在古代也许并未广泛传播，但是在文物古迹的几何发现的影响下，我们很难相信，以一种特别的方式组合等尺寸边长为 5-4-3 的三角形来形成一个正方形会早于使用一副圆规和直边来构造一个正方形。此外，常识也表明，布鲁内斯星内的各种 5-4-3 三角形是该结构的副产物而不是基石。

构图矩形

作为创意从业者的构图工具，尤其是在设计中作为长宽比例的重要指标，根号矩形有巨大的潜力。根号矩形或许是简单的矩形元素（例如一张海报、一本书的封面、一张楼层平面图和一张地毯的尺寸），但它们具有更大的潜力。

前一节提到布鲁内斯星时，我们认为该结构依赖于在正方形中添加对角线、将对角线划分为 4 个相等的正方形以及进一步添加各种对角线。这里我们提议，类似的线条构造可应用于按照以下边比例构造的矩形：1：1.4142（根 2 矩形的比例）、1：1.732（根 3 矩形的比例）、1：2（根 4 矩形的比例）以及 1：2.236（根 5 矩形的比例）。因此，每种情况中，可绘制两条角对角的对角线，由此确定了矩形的中心点。绘制平分中心点处的角以及连接对边的中点的线段，将矩形分为 4 个相等的区域。然后，绘制 8 条半对角线(2 条从每个角到两对边的中点的对角线)。在每一个矩形（尽管不是正方形）内进行布

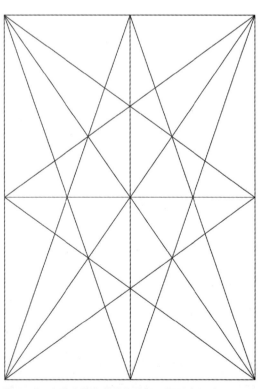

图 3.22 布鲁内斯星式结构的根 2 矩形（AH）

图 3.23　布鲁内斯星式结构的根 3 矩形（AH）

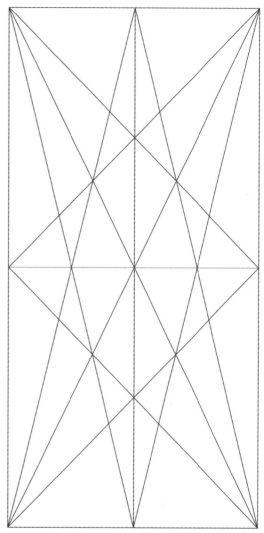

图 3.24　布鲁内斯星式结构的根 4 矩形（AH）

鲁内斯星式的划分。这些划分的矩形可称为构图矩形，因为它们可用于辅助任何视觉构图元素的放置。

　　对角线和其他内部线条交叉所形成的交点（我们可以称之为关键审美点或 KAPs）可以完美地形成关键元素的位置以及设计、结构或组合物中的特征或成分（图 3.22 ～ 图

3.25）。因此，它们拥有作为构图工具的潜力，来帮助构造重复的结构和排列非重复视觉构图中的组成成分（例如，网页、广告传播、海报、绘画或雕塑）。并且，它们还可以作为基础，从而辅助指导组织其他更多实质性的视觉陈述或计划（包括建筑和景观设计）中的成分。

图 3.25 布鲁内斯星式结构的根 5 矩形（AH）

动态矩形的网格

　　先前，人们就已经强调了设计结构中网格的价值。此处展示了艺术家和设计师们使用的一系列原始网格，每一小格的尺寸相等并且网格基于在之前的小节中提到的某一根号矩形（汉比奇称之为动态矩形）。该小节中曾提到，这些根号矩形有以下的比例：1：1.4142（根 2 矩形的比例）、1：1.732（根 3 矩形的比例）、1：2（根 4 矩形的比例）以及 1：2.236（根 5 矩形的比例）（图 3.26 ～ 图 3.29）。在重复设计中一到多个元素的情况下，这些网格是有价值的。像所有规则的网格（即等尺寸和等形状单元格的网格），这些根号矩形提供了元素排列的参考或框架，以使其平衡和统一。我们还能探索这其中的更多可能性。尽管这些网格在自行使用时有很大的潜力，还是鼓励读者去选择一致的尺寸（单元格壁是长度的一倍、两倍或者三倍），以及在类似的或混合搭配的基础上，将相关根号矩形的单元格与其他网格类型的单元格相结合。

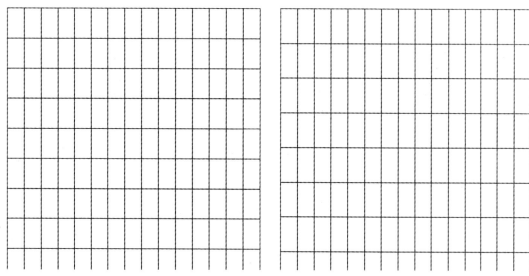

图 3.26　根 2 单元格的矩形（JSS）

图 3.28　根 4 单元格的矩形（JSS）

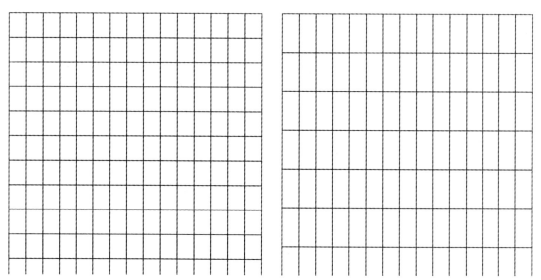

图 3.27　根 3 单元格的矩形（JSS）

图 3.29　根 5 单元格的矩形（JSS）

本章小结

　　本章简要探讨了一些基于圆和正方形的几何结构，介绍了根号矩形及所谓的布鲁内斯星。我们重点提到了汉比奇（1926）的著作。同时书中提到了一系列构图矩形（基于根号矩形，汉比奇称之为动态矩形）以及相关网格的系统。这些连同其他章节中提出的类似建议，将构成在最后一章中提出的设计师框架的基础。

　　或许从这章中应得出的最重要的认识在于，当视觉构图、设计或结构中的组成成分取自相同的几何源时，它们很有可能在审美上兼容及相配。因此，设计的部分可以在几何上与整个设计相符。也就是说，组成部分应与整体保持一致的比例，这种概念即为几何互补性。

　　因此，多种根号矩形的系统性细分可以形成对视觉艺术、设计和建筑任何分支领域从业者有价值的结构框架。

第4章

无间隙或无重叠地铺砌平面

引言

术语"铺砌"(tiling)被用来指二维设计中一种特殊的类型,即简单地将平面(例如,一张纸)划分成形状的网络。特别的是,术语"铺砌"来源于设计本身的材料或载体,因为大多数铺砌的实现是通过平面形状(通常由瓷砖材料、石头、黏土或玻璃制成)即砖格以物理形式组装而成。砖格的组装有可能是周期性的,即组成的砖格或砖格的特定组合在平面内呈现出周期性的重复。组装也有可能是非周期性的,即周期性的重复并不是其特征。这两种情况通常都在平面上进行组装,并且,覆盖给定平面的组成砖格之间没有间隙或不相重叠(即它们镶嵌平面)。

铺砌有可能使用一到多种正多边形(每种情况下,都有相等的内角和相等的边长),也有可能由一系列不规则的多边形组装而成。本书的重点在于铺砌而不是马赛克,尽管两者在结构特征上有大量的重叠。铺砌的构造基于一种严格的几何框架。它们通常展现出有规律性的重复(尽管,如前所述,有时候并不是这样),并且,它们由大量种类相对较少的形状通过系统性组装而形成。由此得到的铺砌设计可以想象为平面的延伸(一直到无穷处,因此超出了任何现实生活中可测量的设定)。另一方面,马赛克在很大程度上则是形象的视觉陈述,在明确界定的边缘或边界内完成,为了呈现预期的构图而尽可能使用大量的色彩和形状。

镶嵌可以自然形成(例如蜂窝),也可以人为制造(例如,彩色玻璃、砖格地板、纺织品或者墙砖)。在制造时,在以物理形式实现铺砌之前,需要拟定设计草图或计划,以便事先决定铺砌的元素、颜色和尺寸的精确布置。这一初步过程的第一阶段包括用相交直线来划分平面(例如,一张纸或电脑屏幕上显示的一个矩形),通常采用铅笔、圆规以及直尺来进行绘制,也可以使用电脑鼠标或其他数字绘图工具来替代。

著名的科学家和天文学家开普勒(Kepler),在数学层面针对铺砌进行了一项早期研究。在他发表的《世界的和谐》(*Harmonices Mundi Libri V*)一书中,他展示了一种结合五边形、五角星形、十边形及十双融合的铺砌方式。在 20 世纪末,很多关于铺砌的数学知识出现在格林鲍姆（Grünbaum）和谢泼德（Shephard）意义深远的著作《铺砌与模式》（*Tilings and Patterns*，1987）中。由于有着不熟悉的数学符号或术语的阻碍，大多数艺术或设计类的学生也许觉得格林鲍姆和谢泼德著作中的内容难以理解。无论如何，这本令人印象深刻的出版物提供了空前的大量网络和铺砌插图的来源，并且，对于艺术家和设计师来说，这本书作为发展任何构图内划分平面（周期性或者非周期性）原始方式的视觉参考，是非常有价值的。值得注意的是，在几年后出版了一本内容较少的简装

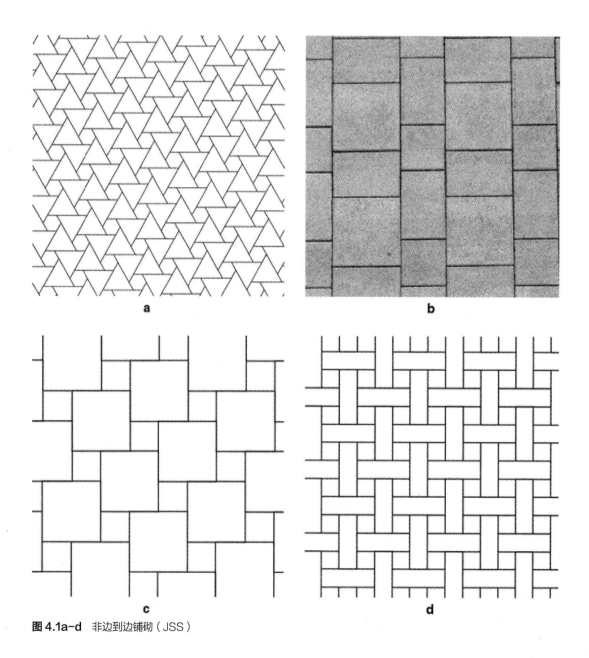

a

b

c

d

图 4.1a-d　非边到边铺砌（JSS）

书，这版简装书包含原书大部分关键章节及少量容易理解的数学内容（格林鲍姆和谢泼德，1989）。

如前所述，本章的重点在于设计，在设计中所有元素以一种系统性的方式重复，包含一、二、三以及多个正多边形的使用，因而呈现出规律性。因此，关注点应在于周期性的铺砌，即铺砌单元（包含一个或多个多边形）在平面内沿两个独立的方向重复，以此来保证避免间隙或重复。铺砌的基本形式是将等边长的正多边形相结合，因此正多边形边到边镶嵌，结果是每一个多边形仅与一个相邻的多边形共享一条边。在谈论这些之前，值得一提的是周期性铺砌的一种特别的分类，即不采用之前提到的边到边的镶嵌，以及有可能使用也有可能不使用等边长的正多边形。图 4.1 a-d 展示了这种非边到边组装的例子。然而，边到边的周期性铺砌才是本章关注的重点。这种铺砌有三类：规则铺砌、半规则铺砌和准规则铺砌。如前所述，不显示规则性重复的铺砌被称为非周期铺砌，这一类别的铺砌称为彭罗斯型（Penrose-type）铺砌，即没有间隙或重复地覆盖平面，并且，尽管遵循了系统规则进行铺设，这种铺砌并不显示出重复性。我们在本章中对这种铺砌进行了探讨，同时也讨论了与伊斯兰文化相关的多种铺砌设计类型，其中包括星形铺砌（其主要构成并不包含正多边形）。我们同样感兴趣的是由圆的边界所创造的所谓双曲线

型铺砌。并且，我们提出了开发原始铺砌设计的集合的一系列技术，这些原始铺砌设计大部分基于网格结构。示例从甄选的历史文本中提供。

规则和半规则铺砌

如前所述，本章的部分关注点将放在覆盖平面、边到边、没有间隙或重叠的正多边形。规则铺砌包括单一尺寸和形状的多边形的复制。仅有三种正多边形能够自身在二维平面内边到边、没有间隙或重叠地进行镶嵌：等边三角形（图 4.2a）、正方形（图 4.2b）和正六边形（图 4.2c），每一种都将平面分割为等尺寸的单元。那么仅包含正五边形或正七边形的铺砌呢（图 4.3 和图 4.4）？这些及其他更高阶的正多边形单独使用时不能进行镶嵌。理由如下。为了理解仅对正三角形、正方形和正六边形成立的限制，有必要理解组成多边形在平面内相接点处的内角。只有当相接点（称为顶角）处内角和恰好等于 360°时，多边形才能进行镶嵌。6 个等边三角形（每个等边三角形内角等于 60°），4 个正方形（每个正方形内角等于 90°）和 3 个六边形（每个六边形内角等于 120°）满足此要求（图 4.5）。在每种情况中，顶点（vertices，本书中用来指不同多边形相接点处的角的术语）闭合并且在整个设计中都完全相同。五边形（五条边，内角等于 108°）和七边形

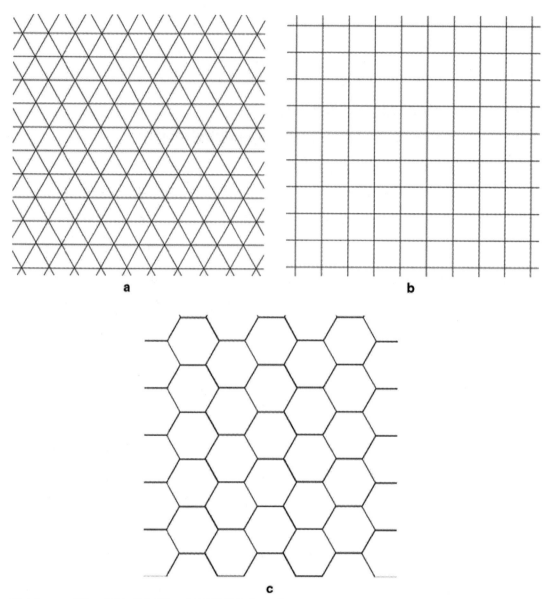

图4.2a-c 等边三角形、正方形和正六边形的铺砌（JSS）

（七条边，内角等于128.6°）不能满足顶点360°的条件。同样不能满足条件的有八边形（八条边，内角等于135°）、九边形（九条边，内角等于140°）、十边形（十条边，内角等于144°）、十一边形（十一条边，内角等于147.3°）和十二边形（十二条边，内角等于150°）。

我们使用几种形式的符号，来表明每一种多边形的边的条数以及满足顶点处的多边形的个数。这三种情况中的每一种都只有一

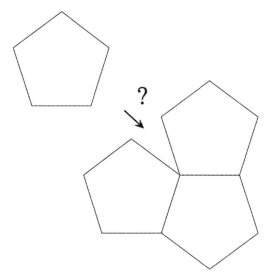

图 4.3　不满足条件的正五边形（JSS）

种类型的顶点。正方形的镶嵌可以用符号（4，4）来表示；即每一个正方形有 4 条边，且每一个顶点处有 4 个正方形。则正六边形的镶嵌可以用符号（6，3）来表示，等边三角形的镶嵌可以用符号（3，6）来表示。

平面镶嵌也有可能使用两到多个不同的正多边形。令人不解的是，这种另一类的铺砌（包括正多边形的组合）称为半规则铺砌。该类型铺砌有 8 种可能性，能够既满足顶点 360° 规则又满足设计中仅有一种顶点的要求。这 8 种顶点排列如下：四个等边三角形和一个六边形（图 4.6a）；三个等边三角形和两个正方形（两种可能，图 4.6b 和图 4.6c）；一个等边三角形、两个正方形和一个六边形（图 4.6d）；两个等边三角形和两个六边形（图 4.6e）；一个等边三角形和两个十二边形（图 4.6f）；一个正方形、一个六边形和一个十二边形（图 4.6g）；一个正方形和两个八边形（图 4.6h）。

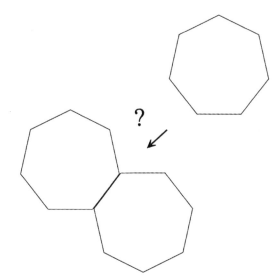

图 4.4　不满足条件的正六边形（JSS）

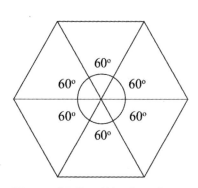
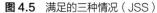
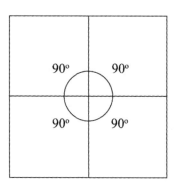
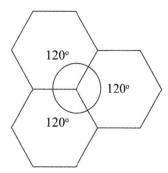

图 4.5　满足的三种情况（JSS）

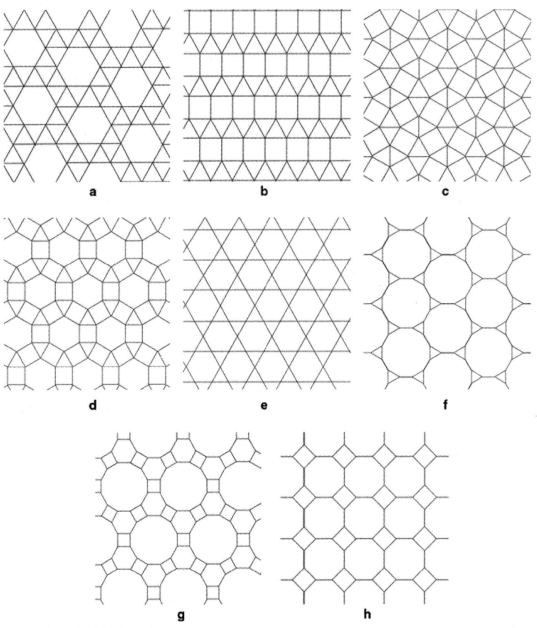

图 4.6a-h 半规则铺砌（JSS）

准规则铺砌

尽管似乎有一种常见的看法，认为准规则铺砌只是顶点类型超过一种的铺砌，但是我们还是不能找到一种一致认可的定义。一些学者主张准规则铺砌有 14 种可能性（克里奇洛，1969：62–67；吉卡，1977：78–80；威廉姆斯，1979：43，）。然而，似乎人们对这 14 种可能性的确切结构存在分歧。最终的答案是，人们有必要参考格林鲍姆和谢泼

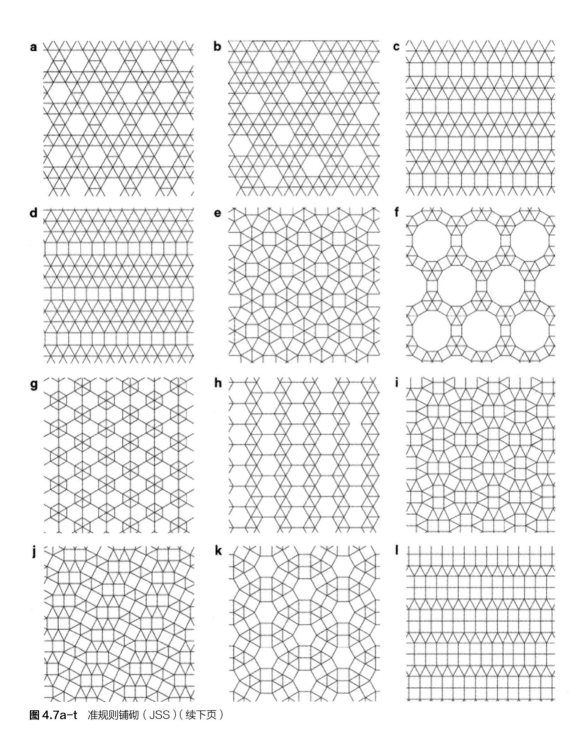

图 4.7a-t 准规则铺砌（JSS）（续下页）

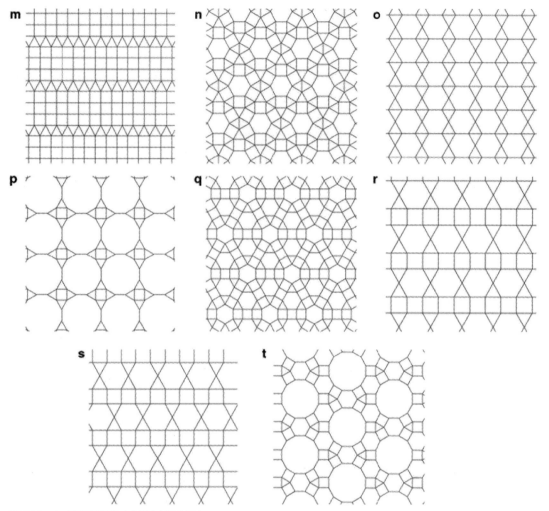

图 4.7a-t 准规则铺砌（JSS）（接上页）

德，他们使用术语二均匀镶嵌（2-uniform tessellations）以及提出了所有 20 种铺砌的图解，每一种有两个顶点类型（1989：65-7）。图 4.7a-t 再现了这 20 种铺砌设计。对于追求开发新的重复设计的设计师来说，这样的结构是无价的。特别值得考虑的是将每种铺砌设计作为网格，以便来安排其它设计元素。同样，我们也应该考虑到第 2 章中提到的一些技术，这些技术可用于产生替代但相关的

结构。

还有大量其他的可能性，想要探索这些可能性并得到该课题确凿的、学术集中论述的读者可参考格林鲍姆和谢泼德（1987 和 1989）的著作。如果仅仅想要得到有用的铺砌替代方法集的读者可能应该参考沙韦的论文（Chavey，1989）。本章提供的大量插图是参考这些及其他大量数学方面的相关文献。

非周期性铺砌

之前小节中提到的规律性、半规则及准规则铺砌都是周期性的（即它们在平面内两个不同的方向显示出规律性的重复），并且以边到边、没有间隙或重叠地进行组装。还有一种铺砌类型，它们不显示出规律性的重复，然而却没有间隙或重叠地覆盖平面（即它们是非周期性的铺砌）。其中一种特定类别即为彭罗斯型铺砌，以杰出的英国数学家罗杰·彭罗斯（Roger Penrose）的名字而命名。彭罗斯型铺砌采用称为风筝（内角分别为 72°、72°、72° 和 144°）和飞镖（内角分别为 36°、72°、36° 和 216°）的多边形进行构造。除此还有很多的可能性构成，我们仅仅需要两种多边形（或称之为原型），一种多边形要使用到两种等边长但不等角的菱形：一个内角为 36°、144°、36° 和 144° 的窄菱形（图 4.8a），以及一个内角为 72°、108°、72° 和 108° 的粗菱形（图 4.8b）。大量后者的集合可以轻易地用于形成周期性或重复性地铺砌，因此为了完成非周期性的组装，在它们组装时需要有某些严格的规则（图 4.9）。

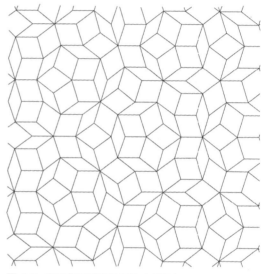

图 4.9　彭罗斯型铺砌的组装（JSS）

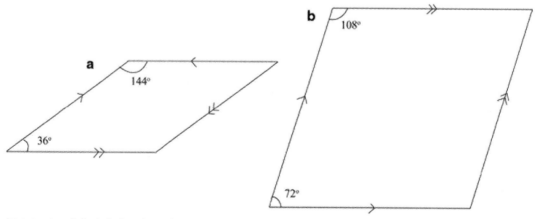

图 4.8a–b　窄菱形; 粗菱形（JSS）

伊斯兰铺砌及其结构

由覆盖表面的砖格构成的装饰存在于古时许多文化环境中，包括古罗马、萨珊王朝及拜占庭帝国。在各种伊斯兰文化中，这样的装饰得到了采纳、阐述和发展，在精细审美上达到了令人印象深刻的高度。在设计工具方面，尽管有了如模板和三角板之类的进一步的实践辅助工具（萨顿 2007：4，Sutton），为了模仿希腊数学家人们仍使用圆规和直尺。在之前的小节中已经证实，包括圆和规律性、半规则和准规则网格的潜在结构元素或框架等同于由规则性、半规则性和准规则性铺砌形成的潜在结构元素或框架。这些之中最常见的可能是规则铺砌（等边三角形、正方形和六边形）。许多设计完全是重复镶嵌，并且，当设计完成时，我们就可以看到有规律地并且没有间隙或重叠地铺砌而成的平面。有的铺砌设计是边到边的，有的不是。另一些设计不是特别在矩形、其他规则或非规则形状的限制下创造的重复性组合。在许多情况下，其他视觉策略被合并，包括各种类型的图形化或花卉装饰图案、阿拉伯式图案、书法或交织效应，但在每种情况下依然遵守严格的几何网格结构。虽然应当注意关于历史设计结构的珍贵方法和策略的证据有限，这种几何网格或平面严谨划分目前仍是伊斯兰铺砌设计和结构的基本结构。

欧文·琼斯（Owen Jones，1856）在他的著名的作品《装饰法则》（*The Grammar of Ornament*）中提供了伊斯兰设计（包括一些铺砌）的早期考察和插图。几年后，布吉安（Bourgoin，1879）以名为《阿拉伯艺术的元素：行隔行》（*Les éléments de l'art arabe：le trait des entrelacs*）制作了可能是伊斯兰铺砌最显著和最广泛使用的早期目录。在 20 世纪后期，该作品以《阿拉伯几何样式与设计》（*Arabic Geometrical Pattern and Design*）作为标题得以传播，虽然并不是原始文本（布吉安，1973）。自从布吉安的作品最初出版以来，在伊斯兰铺砌几何的主题领域出现了大量出版物。毫不奇怪，这些出版物大部分是由数学家们创作的，尽管很多时候他们尝试（有不同程度的成功）使其对非数学读者也容易理解。其中最著名的有汉金（Hankin，1925）、克里奇洛（1976）、埃尔 - 赛德和帕尔曼（El-Said and Parman，1976）、韦德（Wade，1976）、格林鲍姆、格林鲍姆和谢泼德（1986）、李（Lee，1987）、威尔森（Wilson，1988）、肖巴奇（Chorbachi，1989）、阿巴斯和萨尔曼（Abas and Salman，1995）、内吉普奥卢（Necipoglu，1995）、萨哈吉（Sarhangi，2007）、卡斯泰拉（Castéra，1999）、卡普兰（Kaplan，2000）、厄兹杜拉尔（Özdural，2000）、阿巴斯（Abas，2001）、坦能（Tennant，2003）、卡普兰和塞尔斯（Kaplan and Salesin，2004）、菲尔德（Field，2004）、萨顿（2007）、卢和斯坦哈特

（Lu and Steinhardt，2007）。

布拉格（Broug，2008）在其关于伊斯兰几何样式的著作中，提供了在构造与一系列著名的伊斯兰建筑、纪念碑和实体设计相关的设计中需考虑的详细的步骤说明。该书附带的一张光碟，提供了在书中分析和重新绘制的所有设计的构造顺序，以及大量进一步的信息、模板和影像图库。该书是信息最丰富的出版物之一，并发展了在构造伊斯兰型铺砌方面的直接阶段的知识。

汉金（1925）早期的论文涉及被称为撒拉逊艺术（Saracenic art）的几何设计图。他认识到了网格作为历史建筑的基础的重要性，并且在他寻求重建各种设计类型时评论道："首要是用由相接的多边形组成的网格覆盖将要装饰的平面"（1925：4）。在他对设计"六边形"和"八边形"铺砌的描述中，他认识到了分别使用菱形网格和正方形网格作为建筑的结构框架的有用性（1925：4-6，6-10）。他进一步评论道："原始的施工线删除后，样式仍然没有任何可见的绘制方法的线索"（1925：4）。事实的确如此，在创作伊斯兰设计中使用的结构标线在施工过程中被移除了，但是汉金注意到了一种罕见的情况，他在抹灰工程中发现了刮痕，并且发现这些刮痕是"多边形的一部分，当这些多边形完成时，它们围绕着图案组成的星形空间，结果这些多边形是图案据以形成实际的结构线"（1925：4）。

一方面，有足够的证据证明了各种网格的使用（例如，一些实例在古文献中得到了发现，如伊斯坦布尔托普卡普皇宫博物馆（Topkapi Palace Museum）中的托普卡普卷轴（Topkapi Scroll）。另一方面，随着时间的流逝，使用给定网格创造设计的珍贵步骤和方法已经遗失了。尽管如此，多年来，汉金（1976）和其他许多学者（如克里奇洛，1976）给出了令人信服的有关几何构造可能阶段的说明。

在通常的日常使用中，术语"阿拉伯花饰"（arabesque）是指或多或少具有连续性的图案，既可以指整体设计也可以指带状装饰设计，包含从植物来源中得到的视觉成分（常春藤型卷须、叶子、茎和花苞都是其典型形象）。虽然在主题上依照配有花饰，但这样的设计有明显的几何基础。然而，在汉金的情况中，术语"几何阿拉伯花饰"（geometric arabesque）被应用到了许多年后所谓的的伊斯兰星式样（Islamic star patterns）中（例如，卡普兰和塞尔斯 2004）。阿巴斯和萨尔曼（1995）在关于伊斯兰铺砌设计的对称性的著作中，评论道："伊斯兰几何式样最显著的特征就是突出了类似于星形和星座的对称性形状"（1995：4）。正是这些显著的组成图案是这里关注的重点。通常它们有 5、6、8、10、12 和 16 个顶点（或射线），而 7 和 9 个顶点的阶数尽管很少，有时也可以看到。而在通常情况下倍数从 8 到 96 的更高阶情况中则是已知的。

星形图案的构造包括圆内规律性多边形的重复，或者连接圆内预设点的线的绘制（图4.10a-f）。图4.11展示了八角星的构造步骤，图4.12展示了其充分地重复发展（注意在4个星形之间形成的十字形状的出现）。将八角星作为带状装饰设计形式的重复单元如图4.13所示。重要的是要意识到，有几种构造方法能够得到相同的结果。伊斯兰设计和结构表明了对于不同星形图案各种易于理解的构造方法，菲尔德（2004）对此给出了一个特别容易接受的解释，并且他还展示了从大量历史遗迹和其他来源中收集到的一系列设计的图纸。按照菲尔德（2004）著作中建议的步骤，图4.14a-h展示了各种各样的十二角结构。位于格拉纳达（西班牙）的阿罕布拉宫（The Alhambra Palace）建筑群以其铺砌设计而闻名，并且它已经成为世世代代建筑师和艺术家，包括M.C.埃舍尔（M. C. Escher）灵感的来源。图4.15a-b给出了著名的阿罕布拉设计的一例。

绮理铺砌（Girih tilings）是一种特殊类型的装饰性铺砌，历史上与伊斯兰建筑相关。它以五种不同形状的集合产生，所有五种形状具有相等的边长：一个正五边形，每个内角108°；一个菱形，其内角分别为72°、108°、72°和108°；一个蝴蝶领结形的砖格（一个称为非凸六边形的有六条边的图形），其内角为72°、72°、216°、72°、72°和216°；一个正十边形，10个相等的内角为

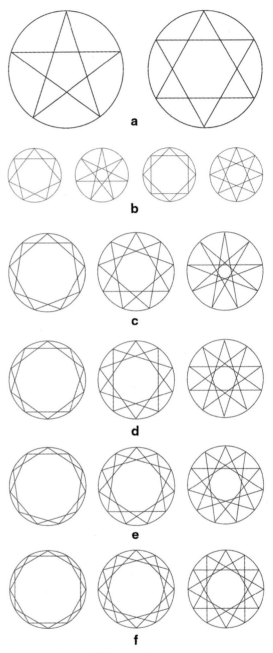

图4.10a-f 星形图案（JSS）

144°；一个不规则的凸出的（或细长的）六边形，其内角为72°、144°、144°、72°、144°和144°。有意思的是，我们可以注意到所有的角度都是36°的倍数，围绕一个

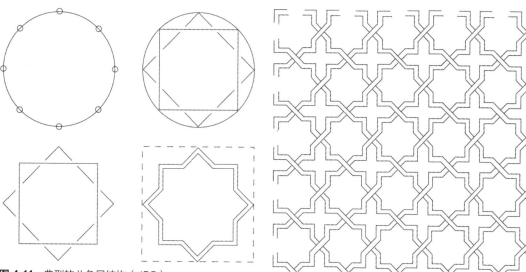

图 4.11　典型的八角星结构（JSS）

图 4.12　重复形式的八角星（JSS）

图 4.13　作为重复的带状 /
边界单元的八角星，托普卡
普皇宫博物馆，伊斯坦布尔，
2010

360° 的顶点有多种可替代的组合。因而这些可以提供设计中大量的组合变体。更有意思的是，之前提到的两种彭罗斯型铺砌中展现的所有角（如图 4.8a、图 4.8b 和图 4.9）在绮理 5 种形状集合中也有展现。事实上，卢和斯坦哈特（2007）意识到了绮理铺砌和彭罗斯型铺砌之间的种种相似。这是非常吸引

人的，绮理铺砌的使用可追溯到各种 15 世纪的建筑物例如伊朗伊斯法罕的 Darb-I 伊玛目圣祠（Darb-IImamshrine，建于 1453 年），这个圣祠被卢挑选为一个例子，以在绮理铺砌和彭罗斯型铺砌之间做比较。参考一卷 15 世纪的名为托普卡普卷轴的波斯卷轴（本节中前面提到的）中描绘的设计，卢和斯坦哈特

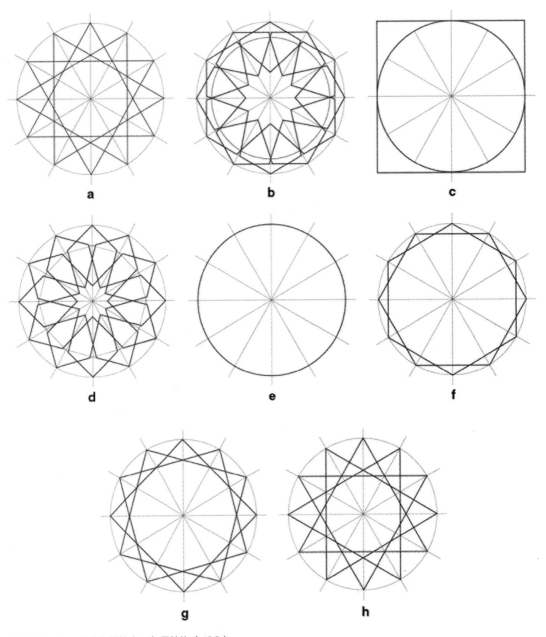

图 4.14a-h　各种各样的十二角星结构（JSS）

（2007）的发现得到了进一步的印证。值得提出的是，绮理铺砌的进一步的特征在于，每一砖格的每一边以固定角度的装饰带在其中点相交，所以，当一个砖格铺设在另一砖格旁边时，一条带子从一个砖格交叉到另一砖格。在完成的铺砌中，整个设计都贯穿着给人交错效果的印象。由数量相对较少的组成单元组合带来的这种整体性的装饰效果，是伊斯兰铺砌的一种典型特征，同时也是模块化排列的特征（在第 9 章中讨论）。

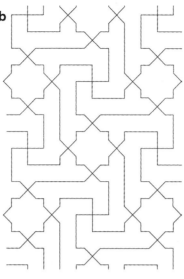

图 4.15a-b　阿罕布拉宫建筑群，格拉纳达，西班牙，照片由库劳德·巴塔菲（Kholoud Batarfi）提供（JSS）

曲面铺砌

曲面的几何形状即为双曲线几何形状。一些研究者已经考虑在这样的表面上进行铺砌。双曲线形铺砌没有间隙或重叠地覆盖着曲面空间。双曲线几何形状中的正多边形，其角度比它们在平面中要小，因此指导平面铺砌的规则（之前提到过）需要改变。使用所谓的庞加莱圆盘（Poincaré-disc）模型，可以对曲面的铺砌进行最好的解释和想象，该圆盘模型通过扭曲距离来制造出曲面的印象。因此，给定尺寸的图案或砖格在朝着圆盘中心方向描绘呈现的视觉效果是最大的（图4.16）。艺术家 M.C.埃舍尔在其系列作品四"圆限制"（Circle Limit）设计的创作中使用了与双曲线几何相关的概念。最初，埃舍尔的灵感来自于加拿大数学家考克斯特（Coxeter）

发给他的一篇文章。文章中包含了一个三角形设计的实例，该设计使用了庞加莱圆盘模型，其类型如图4.17所示。卡普莱夫已经用一种便于理解的方式对这种设计的基本几何形状进行了描述（1991：420-421）。

发展原始的铺砌设计

我们可以提出一系列系统性方法以帮助设计师们生成创造铺砌设计的框架，各种各样的规律性、半规律性、准规律性铺砌可以作为创造这些框架的基础。在大多数情况下，铺砌是作为网格，而组成单元可以被调整、移动、重叠、扩展、组合或者移除。接下来将介绍一系列在很大程度上是系统性的步骤，其中一些来自于威尔逊（Willson，1983：9-14）、翁（Wong，1972）或卡普莱夫（1991）的建议。

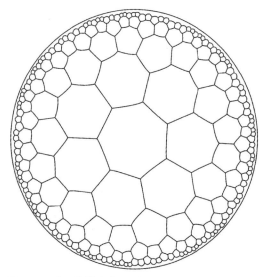

图 4.16 曲面的铺砌（JSS）

图 4.17 庞加莱圆盘模型的结构（JSS）

对偶的和系统性的重叠

对偶铺砌是通过连接每一砖格的中心与所有直接相邻砖格的中心得到的。对偶规律性铺砌不能提供正方形自对偶的大量直接潜力，以及等边三角形镶嵌的潜力（该镶嵌是基于六边形的规律性铺砌的对偶，反之亦然）。

然而，通过重叠对偶铺砌与上层来源、保持顶点位于单元中心或者使每个顶点都远离中心，可以实现该可能性（图 4.18a-d）。

移除或重组

这包括为了产生多种规律性的整体效应，在一种分类铺砌中系统性地移除特定的砖格（图 4.19a-d）。通过各种简单纹理效应的系统性添加或者系统性的颜色改变，这些效果可以得到进一步的加强。在所有的情况中，重要的是有系统性以及确保维持元素的重复性。

网格上的网格

类似于"对偶的和系统性的重叠"部分中提出的方法，这包括使一种分类的铺砌（或网格，本章之前介绍过）叠加在其本身之上或者另一种分类的铺砌（或网格）之上（图 4.20a-b）。再一次强调，为了确保结果看起来令人满意，系统性是关键。和其他步骤一样，通过纹理或颜色的系统性添加，效果可以得到加强。

组合选择

这种方法包括通过系统性的移除选定砖格的一到多条边或者网格中单元格的公共边，从而结合一种铺砌中的两到多个区域（图 4.21）。因此，砖格可以做得更大（例如，两个等边三角形可以形成一个菱形，两个菱形可以形成一个 V 形图案或者三个菱形可以形

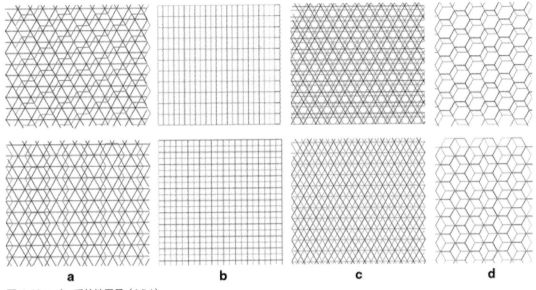

图 4.18a–d　系统性重叠（MV）

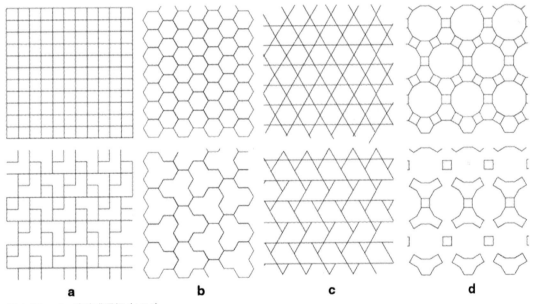

图 4.19a–d　移除或重组（MV）

成一个六边形蜂窝状图形）。

系统性地进一步划分

　　这包括在一种分类铺砌中的组成单元格内增加或去除线段（图 4.22）。再一次强调，

为了确保结果看起来可以接受，重要的是保持系统性。

给予和取出

　　这种方法包括从对边取出相同的形状，

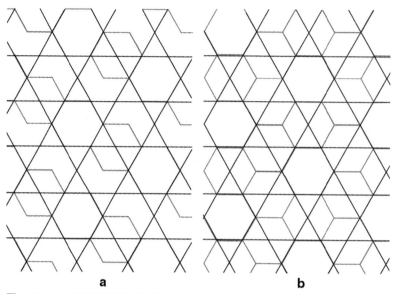

图4.20a-b 网格上的网格（MV）

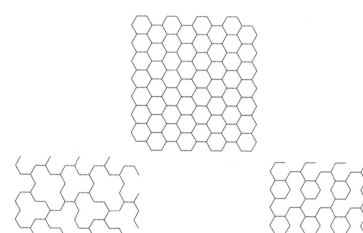

图4.21 组合选择（JSS）

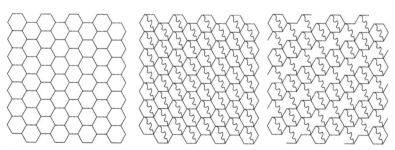

图4.22 系统性的进一步划分（MV）

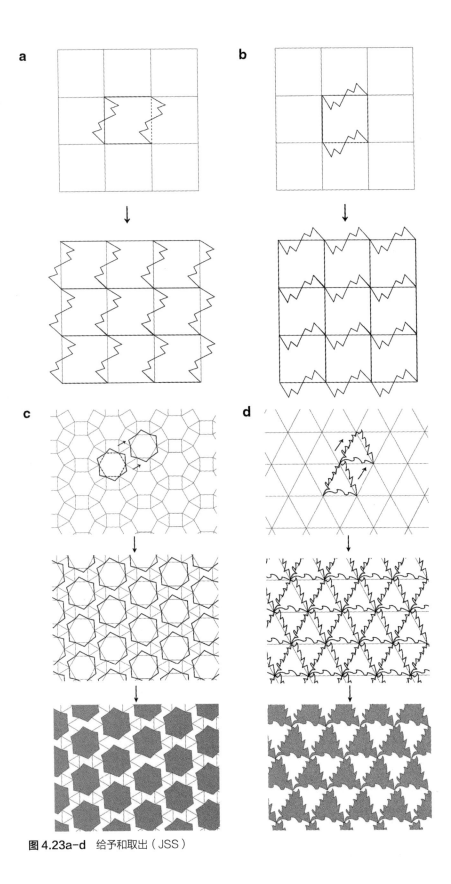

图 4.23a-d　给予和取出（JSS）

图 4.24　表面样式设计的集合［穆尼·拉阿尔·默罕纳迪（Muneera Al Mohannadi）］

添加到边上，以此确保所有砖格之间精确匹配，形成连续性的镶嵌（图 4.23 a-d）。

移除、着色、重新排列和重复

这种方法用来产生一种重复性的铺砌。一个正多边形被划分成三到多个相等或不等的部分，这些部分以一种重复性的安排进行复制、着色和重组。基于此及相关的步骤，图 4.24 展示了一名学生对某项任务的完成结果的例子。相关任务的细节在《附件 1：模块化铺砌》（*Appendix 1：Modular Tiling*）中给出。

本章小结

铺砌指的是没有间隙或重叠地覆盖平面的形状的网络。铺砌有可能是周期性的，并且展现出组成部分的规律性重复；它们也有可能是非周期性的，其特征是没有间隙或重叠地覆盖平面，但无规律性的重复。本章划分了各种类别的铺砌，包括规则、半规则以及准规则铺砌，这些根据每种铺砌中使用的等形状及等边的多边形类型的数量来区分，以及通过等顶点（组成砖格相接的连接点）的数量来划分。本章还简要地涉及伊斯兰铺砌及其结构以及在曲面上展示铺砌的方法。书中还提出了一系列系统性的步骤，旨在在现今设计师中激发原始铺砌结构的创造。图 4.25 ~ 图 4.31 给出了受到伊斯兰铺砌设计启发的学生作品的示例。

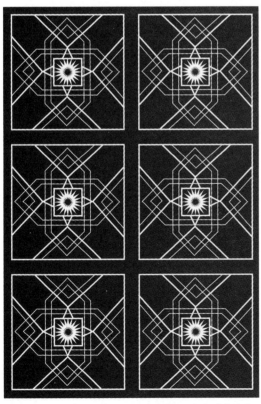

图 4.25　由伊斯兰铺砌设计启发的设计（1）[纳齐法·艾哈迈德（Nazeefa Ahmed）]

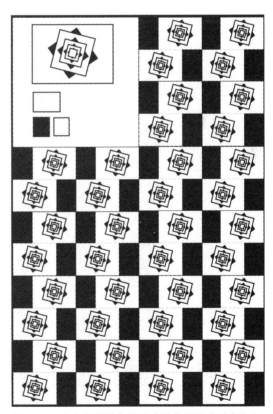

图 4.26　由伊斯兰铺砌设计启发的设计（2）（纳齐法·艾哈迈德）

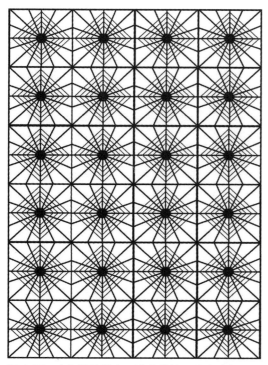

图 4.27 由伊斯兰铺砌设计启发的设计（3）（纳齐法·艾哈迈德）

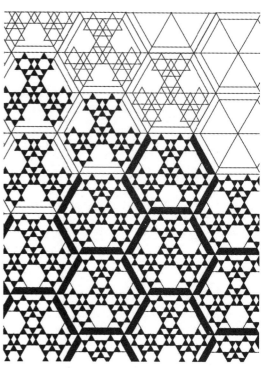

图 4.28 由伊斯兰铺砌设计启发的设计［伊丽莎白·霍兰（Elizabeth Holland）］

图 4.29 由伊斯兰铺砌设计启发的设计［奥利维亚·贾奇（Olivia Judge）］

图 4.30 由伊斯兰铺砌设计启发的设计［爱丽丝·哈格里夫斯（Alice Hargreaves）］

图 4.31　由伊斯兰铺砌设计启发的设计［瑞朗·宋
（Reerang Song）］

第5章

对称、图案与分形

引言

自然界与人造环境都由秩序主导。秩序在大多数人类的思维过程和多数生物的行为方式中都清晰可见。人们对于秩序的感知对其了解周边世界来说,至关重要。语言、四季、地貌、动植物生长过程、音乐、诗歌、数学、科学与工程的所有分支、舞蹈、视觉艺术、设计和建筑,这些无一不蕴含着秩序。秩序是一种非随机性的状态,一切都遵循逻辑排列,井然有序,似乎都在遵守一个计划。秩序也是本章探讨的焦点——"对称"的一大特点。

在自然界与人造世界中,对称是一种在纳观、微观和宏观层面的各种形式中普遍存在的特征。虽然对称一词的定义在某种程度上不尽相同,但外形(包括支撑力和决定其形式的作用力)的平衡似乎是其一种重要而又固有的特质。在日常应用中,"对称"一词用来形容包含两等份、彼此互成镜像(看似由镜子反射而成)的形式,即左右对称,这也是多数实物和建筑设计的一大特征。但是对称这一概念大可延伸,也可指由两个

以上大小、形状和成分相同的部分(两个以上)组成的图案或物体。"对称"无处不在的特质在很多人的作品中都很突出,其中就包括:韦尔(Weyl, 1952)、罗森(Rosen, 1989)、塞尼查尔(Senechal, 1989)、阿巴斯和萨勒曼(Salman, 1995: 32–35)、哈恩(Hahn, 1998)和韦德(Wade, 2006)。在这所有的著作当中,也许最使人受益的是哈尔吉泰(Hargittai)先后编著的两本手册(1986、1989),其中涵盖了百余篇科学、艺术和人文领域的文章,每篇文章都从独特的视角对对称展开论述。沃什伯恩和克罗合力创作了一部出色的专著(1988),主要阐述图案分析的相关理论和手法,并说明了如何运用对称的概念来分析来自不同文化背景和历史阶段的设计。此部专著已被证实是人类学家、考古学家和艺术史学家的一本重要参考书目。在二人后来写作的出版物中,他们又探究了不同文化运用图案对称对含义进行编译的手法(沃什伯恩和克罗,2004)。沙特施奈德(Schattschneider)也发表了对于 M.C. 埃舍尔的作品最完整可靠的研究报告,主要研究该艺术大师作品中对称结构的相关部分,同时

也在报告中提供解释说明，这样读者即使没有掌握专业的数学知识也可读懂（沙特施奈德，2004）。希维尔（Scivier）和汉恩阐述了层次对称的原理，重点研究其原理与纺织品分类的相关性（2000a，2000b）。哈蒙德（1997）对三维晶体学领域中的对称结构进行了简明易懂的阐述。大多数现有的对于对称图案的研究都重在分析，而不是合成或构建。

正如点和线的定义一样，对称一方面有其内部结构意义和重要性，而另一方面也有其外部功能和应用性。因此，对称可被看作是一种转换过程的产物，在此过程中通常相同成分（如图形、表面、形状、能带和各种作用力）相互作用，彼此不断相互映射，而肉眼几乎看不到此阶段，只能看到其外部呈现，即一种静态。在科学或数学领域中，对称内部或蕴藏的几何意义是非常重要的，而在装饰艺术和设计领域中考虑对称及其感知时，其外部功能或应用性是尤为重要的。在后者中，对称被看作为通过某些动作或作用力的结合，即对称操作（在下文中有所介绍），达到的一种稳定状态。因此，对称是一种统一的原则，适用于不止一个领域。对称总是离不开规律、均等、秩序和重复，它也是艺术、设计和建筑中结构与形式的一个重要方面。同时，其对立状态，即不对称，是不规则与无序的一大特点（但并非所有不对称的结构都一定是不规则而又无序的）。对称是一种组织原则，对实物结构加以限制。事实证

明，在装饰艺术领域，对称的概念对于分析二维图形、基本花纹和规则重复的设计而言，至关重要。虽然此概念与晶体等三维现象的分类相关，但它还是最明显的体现在重复的二维设计图案及其组成部分中。为此，本章将重点探讨"对称"在二维平面中的适用性，尤其侧重研究在一个规则重复的设计中，这些对称操作如何使其各个组成部分完美结合，并精确地实现规律性重复。

在设计中，尤其是在规则重复的设计中，通常按照其中隐含的几何学和上文提到过的对称操作来考虑其对称性。在二维设计中有四种相关操作：旋转、反射、平移和滑移反射（图 5.1 为四种操作的简图）。本章将对这四种操作依次进行介绍。此处也会对三种设计类型进行说明：基本花纹，可能是独立式设计，也可能是规则重复的设计中的重复成分或组成要素；带状图案（又称条状或镶边图案），即同一平面内，由一个或几个基本花纹沿一个方向规律性重复而形成的图案；整体图案（又称平面或壁纸图案），即同一平面内，由一个或几个基本花纹沿两个方向有规律地重复而形成的图案。我们还可根据其组成成分的对称特点将这三种设计进行分类。本章描述并说明了四种对称操作和如何通过参照对称特点来对二维设计加以分类。本章也会探讨与交错杂色花纹设计（依赖于与一种特殊的对称操作相关的阴影或色彩变化）和分形（一个成分重复出现并在比例上发生变化

图 5.1 四种对称
操作和相关符号说
明（JSS and MV）

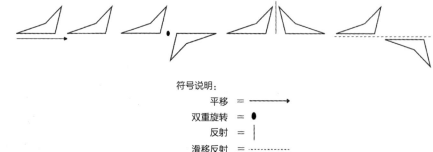

符号说明：
平移   ＝
双重旋转 ＝ ●
反射   ＝ |
滑移反射 ＝ ‥‥‥‥‥

所呈现的现象）相关的话题。

对称操作

上文中提到过与二维设计相关的四种不同的对称操作及其分类：旋转、反射、平移和滑移反射。本节会对这四种操作展开介绍。

旋转是使一个设计成分或设计图形围绕一个虚点（即旋转中心）按固定间隔重复。任何规则地圆周式重复的图形都可视为具有旋转对称结构。旋转对称结构根据 360° 的划分来分类。如果一个图形的组成部分围绕旋转中心按 60° 角的间隔重复出现，那么该图形具有六重旋转对称结构。图形围绕旋转中心旋转一周（360°）时，其各个组成部分与自身重合的次数总和为该图形旋转对称结构的次阶。因此，一个具有六重旋转对称结构的图形呈现为六个相等的部分围绕一个旋转中心等距分布。

反射是使一个图形在虚线的另一边（即反射轴）重复自身，而产生一个镜像，可用字母 m 代指，m 源自英文单词"mirror"（镜子）一词。因此当一个图形围绕一个反射轴、发生反射后会包含两个相等的部分（或基本单元）。只涉及一个反射轴的反射就是所谓的左右对称（在左右对称中，二维图形或其他物体可分为两个相等的、互成镜像的部分）所特有的，这一特征常见于人类与大多数动物中［舒勃尼科夫与科普斯蒂克（Shubnikov and Koptsik），1974：11］。反射可以是基本花纹（见"基本花纹、图案或重复单元"一节）、带状图案（见"带状、条状或镶边图案"一节）和整体图案（见"晶格与整体图案"一节）的一个特点。值得注意的是，如果一个基本花纹或图案的成分（即基本单元）有方向特性（即沿着顺时针或逆时针方向，相应地如 S 形或 Z 形），那么反射后其方向将会逆转，正如从一个常规镜子中看到的映像（所以反射会颠倒方向）。

平移是最简单的对称操作（见图 5.1）。它使得一个基本花纹（即规则重复设计中的重复单元）按固定间隔，沿着一个方向实现垂直、水平或对角地重复［考克斯特（Coxeter），1961：34］。阿巴斯和萨勒曼在探究伊斯兰砖格对称结构的专著中，把平移定义为"一种使得一个物体中的所有点沿着同一方向移动相同距离的运动"（1995：56）。沿着一个方向进行平移操作会产生一个带状图案，但如果在一个平面上沿着两个不同方向实施平移，就会产生一个整体图案。

第四种对称操作是滑移反射（见图 5.1），这种操作是使一个基本花纹通过一种结合了平移和反射的操作，沿着滑移反射轴重复自身。在解释性文本中，一个常被引用的例子是由人类或动物的足迹产生的压痕，每一个压痕与上一个之间都有一个固定间隔，而它们彼此又互成映像。

基本花纹、图形或重复单元

从对称性的角度来说，通常我们可以使用一系列符号来对基本花纹（或图形）进行分类。使用字母 n 表示任何一个整数，当一个基本花纹的组成部分围绕一个固定点连续旋转 $360°/n$ 出现重复时，那么通常认为这个基本花纹具有围绕该固定点的 n 重旋转对称结构。在 n 次连续旋转（每次旋转 $360°/n$）之后，该组成部分会返回到其在基本花纹内的原始位置。这样的基本花纹可以使用符号 cn 来按类别标注；在这种情况下，字母"c"表示圆周，而"n"表示在 $360°$ 内与旋转级数相关联的任何一个整数。这里还应提及的是，有一些基本花纹是不对称的：这些花纹没有对称的性质，并且它们的构成元素只有在旋转 $360°$ 之后才能与其自身重合。因此可以看出：

当旋转 $360°$ 时（即，非对称花纹），n = 1；
当旋转 $180°$ 时（即，双重旋转），n = 2；
当旋转 $120°$ 时（即，三重旋转），n = 3；
当旋转 $90°$ 时（即，四重旋转），n = 4；
当旋转 $72°$ 时（即，五重旋转），n = 5；
当旋转 $60°$ 时（即，六重旋转），n = 6。

上述对应关系都呈现在示意图 5.2 中。一个基本花纹中可以旋转 $360°/n$ 的最小元素被称为该花纹的基本单元。在一个完整旋转的过程中，基本单元与其自身一致（或与其自身完全重叠）的次数为其旋转次阶（即双重、三重等）。一些花纹在围绕旋转中心完成 $360°$ 旋转的过程中，根据其基本单元重复（或与其自身重合）的次数，可呈现比上述例子中更高的旋转次阶（例如，c7、c8、c9、c10 等）。

c1 类花纹是不对称的，不具有相等的部分，因此必须旋转 $360°$ 以使其组成部分与自身重合（图 5.3）。

c2 类花纹仅具有双重旋转对称结构，并且由两个基本单元组成。该花纹旋转 $180°$ 后，每个基本单元都将与其相邻单元重合。若该花纹再旋转 $180°$，每个单元将返回至其原始位置。因此，基本单元上的每个点在其相邻单元中均具有其等价点。示例见图 5.4a-b。在每种花纹中，其基本单元的面积都是该花纹面积的一半。

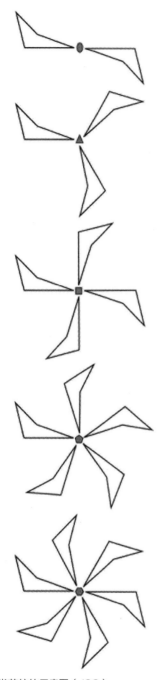

图5.3 c1 类花纹（JSS，汉恩作品，1991）

图 5.6a-b 为 c4 类花纹的示例，每个花纹的最小旋转角度皆为 90°。因此，这些花纹的特征为存在 90°、180°、270° 和 360° 的旋转。

c5 类花纹（图 5.7a-b）的最小旋转角度为 72°，并且当按照这个角度持续旋转时，其基本单元会与自身重合五次。

c6 类花纹的特征是发生了六重旋转，其示例见图 5.8a-b。在 360° 的完整旋转过程中，花纹的基本单元将与其自身重合六次（因此其最小旋转角度为 60°）。

一类对称图案的特征是其自身具有旋转对称结构，而另一个类对称图案的特征是具有反射兼旋转对称的结构。一个花纹的反射对称次阶为穿过该花纹中心的反射轴（若多于一个，则相交于此中心）的总数。具有反射对称结构的花纹被归类为 dn 类花纹（d 表

图5.2 cn 类花纹的示意图（JSS）

c3 类花纹呈现出了三重旋转对称结构，每旋转 120°、240° 和 360° 都会使得花纹的基本单元与其自身重合。示例见图 5.5a-b。

a

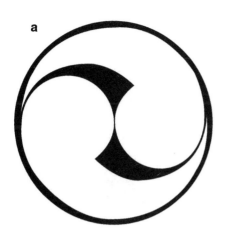

b

图 5.4a - b c2 类花纹（MV，基于汉恩作品设计，1991）

a

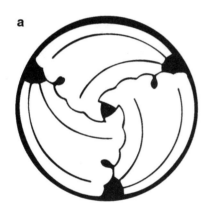

b

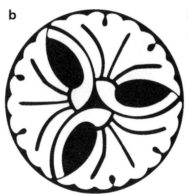

图 5.5a - b c3 类花纹（MV，基于汉恩作品设计，1991）

a

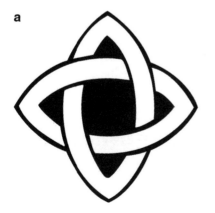

b

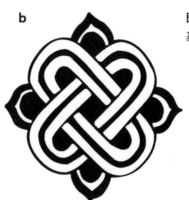

图 5.6a - b c4 类花纹（MV，基于汉恩作品设计，1991）

图 5.7a‑b　c5 类花纹（MV, **a**
基于汉恩作品设计，1991）

图 5.8a‑b　c6 类花纹（MV, **a**
基于汉恩作品设计，1991）

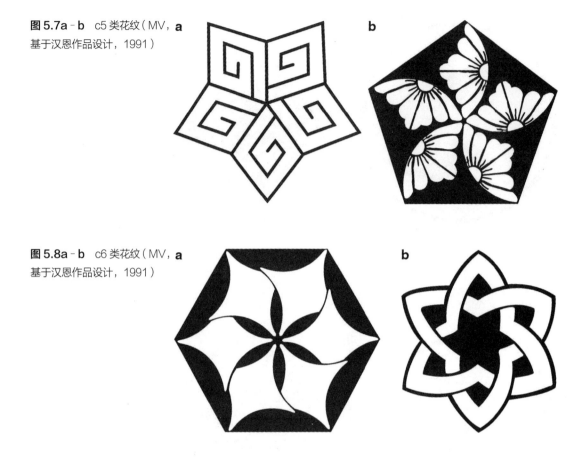

示二面角，表示两个组成部分，n 等于任何一个整数）。各种 dn 类花纹的示意图都可见图 5.9。d1 类花纹具有穿过其中心的一个反射轴，因此具有两个对等部分，彼此之间互为反射，如同镜中映像（图 5.10a-b），这就是所谓的左右对称的特征（如上文所述），这些花纹是 dn 类花纹中唯一一种具有反射对称结构，而没有旋转对称结构的花纹。d2 类花纹（图 5.11a-b）具有围绕其水平和垂直轴的左右对称结构，因此有四个组成部分（或基本单元）。每个花纹具有两个反射轴，以 90°相交。此类花纹也可以通过将左右对称的基本单元（即

花纹的一半）旋转 180°来组成。因此，当存在两个或多个反射轴时，花纹不仅呈现反射的特性，而且表现出另一种对称特性——旋转的特性。在概念上，最便捷的是把 d2 类及 2 阶以上的花纹的旋转性质看作连续反射操作的产物，而不是主要的对称成分。

d3 类花纹（图 5.12a-b）的特征为存在三个相交的反射轴，因此会产生间隔 120°的左右对称单元。花纹的基本单元为圆的六分之一。这种类型的花纹也可以通过一个左右对称单元旋转 120°、240°或 360°产生。

d4 类花纹（图 5.13a-b）的特征为存在

图 5.9 dn 类花纹的示意图（JSS）

四重旋转对称结构以及四个相交的反射轴（穿过四重旋转的中心并且以 45° 角彼此相交）。花纹的基本单元占据总花纹面积的八分之一，并且当其发生反射时，可呈现左右对称单元，该左右对称单元旋转 90° 后即可产生整个花纹。

d5 类花纹（图 5.14a-b）的特征为存在五个反射轴和五重旋转对称结构。其基本单元占据总花纹面积的十分之一，可以通过反射而产生一个左右对称单元，而当一个左右对称单元旋转五次时，就会产生完整的花纹。

d6 类花纹的特点是具有六个相交的反射轴。典型的例子是雪花（图 5.15a-b）。其基本单元占据花纹面积的十二分之一。一个左右对称单元旋转 60°、120°、180°、240°、300° 和 360° 即可呈现此类花纹。

带状、条状或镶边图案

如在"对称操作"一节中所指出的，四种对称操作或动作如下：旋转，即使一个花纹或其组成部分围绕固定点旋转，使得其以固定的角度间隔进行重复（假想在一个圆内）；反射，即使一个花纹或其组成部分沿直线（或反射轴）反射，产生所谓的左右对称的镜像特征；平移，即使一个花纹在一条直线上以固定间隔重复出现，而其方向保持不变；滑移反射，即使一个花纹通过平移和反射相结合的操作重复出现。

图5.10a–b d1类花纹
（MV，基于汉恩作品设计，
1991）

a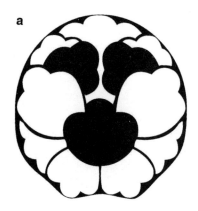
b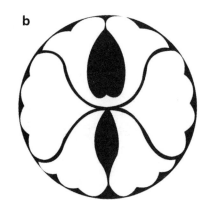

图5.11a–b d2类花纹
（MV，基于汉恩作品设计，
1991）

a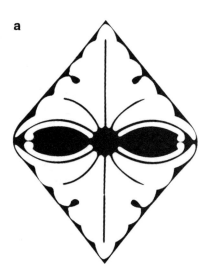
b

图5.12a–b d3类花纹
（MV，基于汉恩作品设计，
1991）

a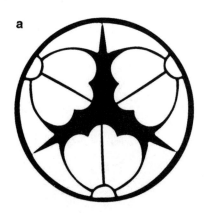
b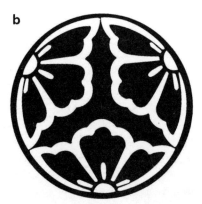

a
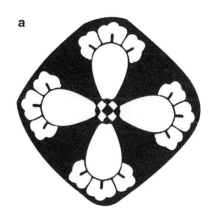

b

图 5.13a–b d4 类花纹（MV，基于汉恩作品设计，1991）

a
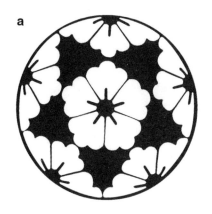

b
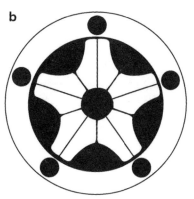

图 5.14a–b d5 类花纹（MV，基于汉恩作品设计，1991）

a

b
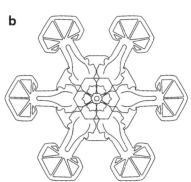

图 5.15a–b d6 类花纹（JSS）

很多学者已经研究、解释并探讨了如何通过四种对称操作的不同组合方式来呈现在一个方向上（即在两个平行线之间）平移（重复）以产生所谓的带状（条状或镶边）图案，或在两个方向（即在平面上）平移（重复）以产生整体图案的设计。对于两种图案类型来说，其组成部分在自身形状、尺寸、方向或内容上保持不变，并有规律地重复。不同的对称操作相组合时，仅七种不同的组合是可能呈现带状图案的。如标题所示，本节的目的是进一步探究带状图案的对称组合。这

其中存在一些限制，即图案的旋转特性必须适用于图案内部或沿着整个图案出现。值得注意的是，在这个阶段，在带状图案中仅有二阶旋转（180°）是可能出现的。这是因为所有元素需要在每个旋转阶段沿着图案的长度叠加，并且仅有双重旋转会允许在构成带状图案空间边界的两条（假想）平行线之间发生这种重新定位。示例见示意图5.16。

遗憾的是，很多作者已经使用了一系列不同的符号来标注带状图案，而最被大众接受的符号却并非一目了然。它以四个符号的

图5.16 七种带状图案的示意图（JSS）

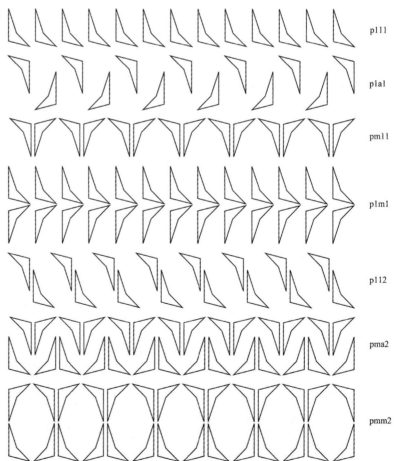

p111

p1a1

pm11

p1m1

p112

pma2

pmm2

形式出现（通常由 pxyz 表示），其中后三个符号中的每一个都代表在镶边图案内存在的某一对称操作。字母 p 表示设计位于平面上。七种带状图案类型如下：p111、p1a1、pm11、p1m1、p112、pma2、pmm2。

　　沃什伯恩和克罗（1988）对这些符号做出了一个相对直接的解释。第一个符号（p）首先描述所有七种镶边图案。位于第二、第三和第四位的符号分别表示垂直反射、水平反射或滑移反射以及双重旋转。对于这些符号更完整的解释详见附录 2。

p111 类带状图案

　　从对称结构的角度看，这是最基本的带状图案，因为图案中存在的唯一操作是平移（图 5.17a-b）。

p1a1 类带状图案

　　如前所述，平移和在带状图案平移轴线与其平行线之间的反射的结合为滑移反射（图 5.18a-b）。

pm11 类带状图案

　　pm11 类带状图案的特征为存在平移以及在围绕两个交替的垂直反射轴的反射，每个垂直反射轴都垂直于带状图案的中心轴（图 5.19a-b）。

p1m1 类带状图案

　　p1m1 类带状图案具有围绕穿过其中心线的纵轴的反射，兼有沿着该中心线的平移（图 5.20a-b）。

p112 类带状图案

　　p112 类带状图案呈现出双重旋转对称，并有沿着其中心线的平移（图 5.21a-b）。

a

图 5.17a-b　p111 类带状图案（MV，基于汉恩作品设计，1991）

b

图 5.18a-b p1a1 类带状图案（MV，基于汉恩作品设计，1991）

a

b

图 5.19a-b pm11 类带状图案（MV，基于汉恩作品设计，1991）

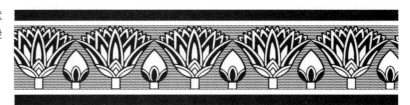

a

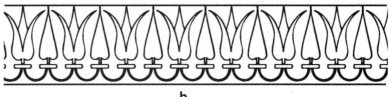

b

图 5.20a-b p1m1 类带状图案（MV，基于汉恩作品设计，1991）

a

b

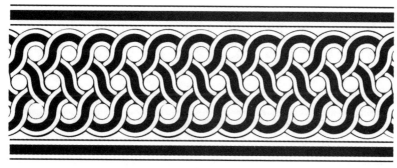

图 5.21a-b　p112 类带状图案（MV，基于汉恩作品设计，1991）

b

图 5.22a-b　pma2 类带状图案（MV，基于汉恩作品设计，1991）

a

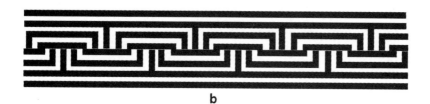

b

pma2 类带状图案

pma2 类带状图案（图 5.22a-b）结合了所有的四种对称操作。

pmm2 类带状图案

pmm2 类带状图案（图 5.23a-b）具有一个水平反射轴，该轴与多个垂直反射轴相交

于多个定点。因此，水平反射轴与垂直反射轴的交叉点即为双重旋转中心。

晶格与整体图案

在说明整体图案的对称特性之前，值得注意的是，所有这些图案的构成框架都名为

图 5.23a-b pmm2 类带状图案(MV,基于汉恩作品设计,1991)

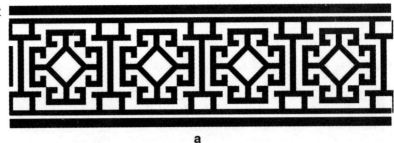

a

b

图 5.24 五种布拉维晶格（ MV，基于汉恩作品设计，1991 ）

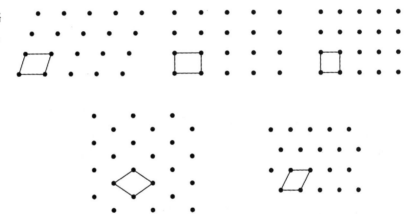

晶格。所有图案都具有多组对应点（在具有某一特定方向性的图案上的相同位置上的相等点），其可相互连接以形成规则框架或晶格结构（具有五种类型）。这些晶格结构由尺寸、形状和成分相同的晶胞组成，当沿着两个独立的非平行方向上跨晶格结构平移时，就会产生完全重复的图案。四种对称操作的不同组合会产生 17 类整体图案。每一类花纹图案都与五种晶格结构中的一种相关联，并且每种晶格结构具有与其相关联的平行四边

形或晶胞（包含设计的重复单元）的特定形状。这五种晶格被称为布拉维晶格，与每种晶格相对应的晶胞如图 5.24 所示（从左上角开始顺时针依次排列）：平行四边形晶格、矩形晶格（邻边不相等，所有内角都为 90°）、正方形晶格（所有边都相等，每个内角都为 90°）、六边形晶格（围绕一个点使六个点相连接）和菱形晶格（各边等长）。所有这 17 类整体图案中的晶胞样式见示意图 5.25。可以看出，与其他晶格单元不同，菱形晶格单

元是居中的，并在一个矩形（由虚线表示）内存在一个菱形晶胞，使得反射轴可以与放大的晶胞的边成 90° 角。在放大的晶胞中存在一个完整的重复单元（在菱形晶胞内）并在放大的晶胞的各个角落存在四分之一的重复单元。

　　与带状图案一样，这 17 类整体图案具有与它们相对应的各种符号。整体图案的情况比镶边花纹更复杂，因为相关的对称操作涉及整个平面，而不仅仅是在两个假想平行线之间的操作。如前文所述，还存在 17 种可供

选择的对称组合（或种类）而不是 7 种。在这里我们选择了最简单的标注。总之，它标识了图案内部的最高旋转次阶以及滑移反射和 / 或反射的存在（或不存在）。在形成规则重复的整体图案时，若其存在旋转对称结构，那么只可能存在双重、三重、四重和六重旋转对称结构（及其组合），因为具有五重旋转对称结构的图案不能在绕轴旋转一周内重复其自身。这被称为晶体学限制，史蒂文斯（Stevens）对此进行过论述（1984：376-90）。图案中存在的反射可以在一个或多个方向上，

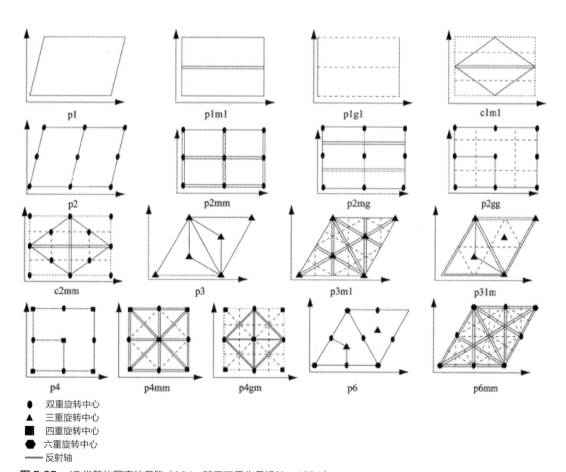

● 双重旋转中心
▲ 三重旋转中心
■ 四重旋转中心
⬡ 六重旋转中心
—— 反射轴

图 5.25　17 类整体图案的晶胞（MV，基于汉恩作品设计，1991）

并且可以与其他对称操作相组合；滑移反射也是如此。图 5.26 为 17 类整体图案的示意图，对于标注更完整的说明可见附录 2。帕德威克（Padwick）和沃克（Walker）对于此主题也展开过一个完备的介绍（1977）。

在描述这 17 类整体图案时，最好根据是否存在旋转对称结构（若存在，参考旋转对称结构的最高次阶）来将它们分组：在 p111、p1g1、p1m1 和 c1m1 类花纹的组成对称结构中不存在任何种类的旋转；在 p211，p2gg，p2mg，p2mm 和 c2mm 类花纹中存在双重旋转对称结构；在 p311、p3m1 和 p31m 类花纹中存在三重旋转对称结构；在 p411、p4gm 和 p4mm 类花纹中存在四重旋转对称结构；p611 和 p6mm 类花纹的最高旋转次阶为六。应当注意的是，某些种类的整体图案中同时存在不同的旋转次阶，而其构成部分的最高旋转次阶会决定其分组。

无旋转对称的图案

从图案对称结构的角度来看，p111 类（缩写为 p1 类）整体图案在分析、分类和构造方面是最简明易懂的。常规选用平行四边形晶胞。然而，由于此类图案除了平移之外没有蕴含其他对称结构，所以这五种网格类型及其相对应的晶胞的任何一种在图案中都可适用。因此，这种图案类型不存在旋转、反射或滑移反射（图 5.27a-b）。

p1g1 类（缩写为 pg 类）整体图案蕴含

的对称特点是滑移反射和平移（图 5.28a-b）。

p1m1 类（缩写为 pm 类）整体图案的对称特点是反射和平移（图 5.29a-b）。

c1m1 类（缩写为 cm 类）整体图案的特点是具有菱形晶格的晶胞，其晶格包含一个在较大矩形内部（或居中）的菱形单元。由于重复晶胞居中，所以用字母 c 来标注开头。其蕴含的对称特点包括平移、反射与滑移反射（图 5.30a-b）。

双重旋转对称

p211 类（缩写为 p2 类）整体图案存在平移与双重旋转（图 5.31a-b）。

p2gg 类（缩写为 pgg 类）整体图案存在平移、滑移反射和双重旋转（图 5.32a-b）。

p2mg 类（缩写为 pmg 类）整体图案存在平移滑移反射、反射和双重旋转（图 5.33a-b）。

p2mm 类（缩写为 pmm 类）整体图案存在平移、两个方向上的反射和双重旋转（图 5.34a-b）。

c2mm 类（缩写为 cmm 类）整体图案建立在一个中心单元（因此以 c 开头）上，并包含垂直和水平方向上的平行反射和滑移反射轴，兼有平移和双重旋转（图 5.35a-b）。

三重旋转对称

p311 类（缩写为 p3 类）整体图案兼有平移和三重旋转（图 5.36a-b）。

p3m1 类整体图案存在平移、三重旋转和

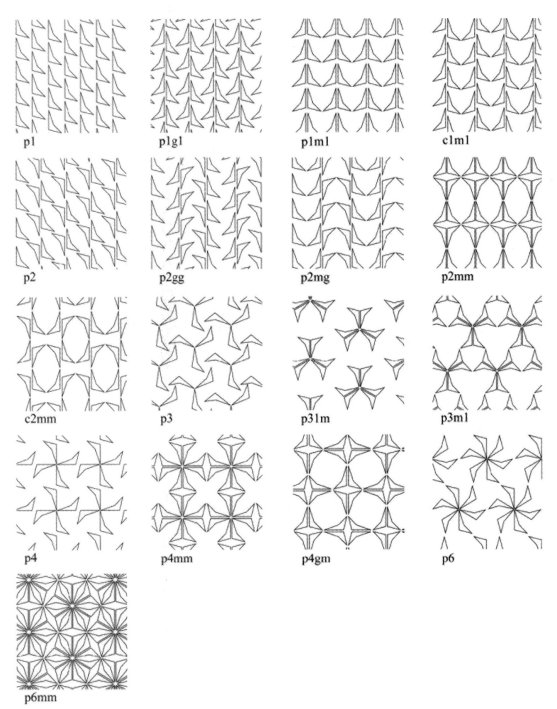

图 5.26 17 类整体图案的示意图（MV，基于汉恩作品设计，1991）

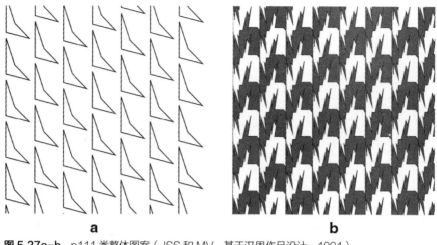

图 5.27a-b p111 类整体图案（JSS 和 MV，基于汉恩作品设计，1991）

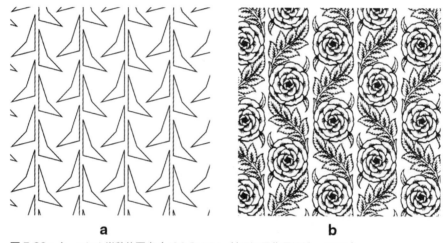

图 5.28a-b p1g1 类整体图案（JSS 和 MV，基于汉恩作品设计，1991）

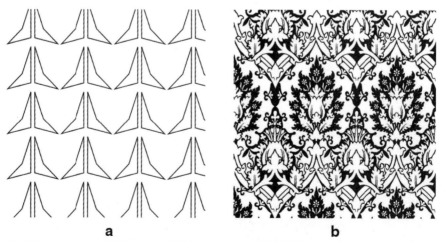

图 5.29a-b p1m1 类整体图案（JSS 和 MV，基于汉恩作品设计，1991）

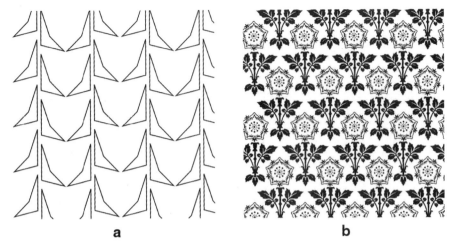

图 5.30a–b　c1m1 类整体图案（JSS 和 MV，基于汉恩作品设计，1991）

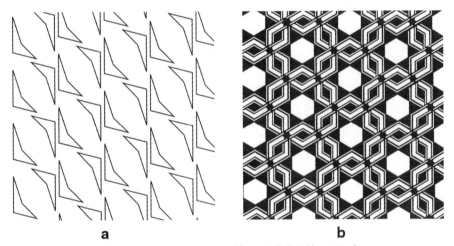

图 5.31a–b　p211 类整体图案（JSS 和 MV，基于汉恩作品设计，1991）

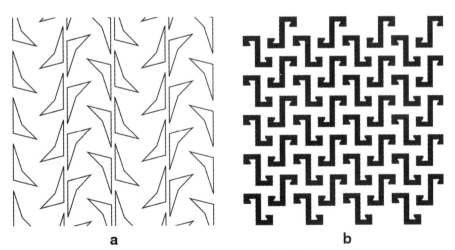

图 5.32a–b　p2gg 类整体图案（JSS 和 MV，基于汉恩作品设计，1991）

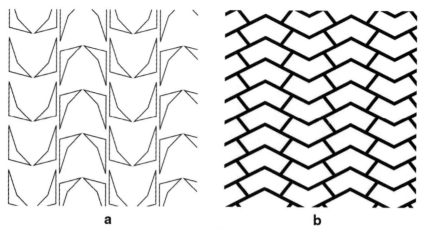

a   **b**

图 5.33a-b p2mg 类整体图案（JSS 和 MV，基于汉恩作品设计，1991）

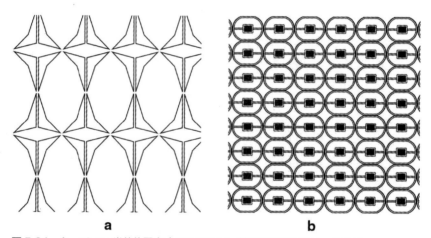

a   **b**

图 5.34a-b p2mm 类整体图案（JSS 和 MV，基于汉恩作品设计，1991）

反射（图 5.37a-b）。每个三重旋转中心皆位于各个反射轴的交点处（此点将其与 p31m 类花纹区别开）。

p31m 类整体图案存在平移、三重旋转和反射（同上一类花纹）。p31m 类花纹的三重旋转中心并不是都在反射轴上（图 5.38a-b）。

四重旋转对称

p411 类（缩写为 p4 类）整体图案的最高旋转次阶为四，存在平移及双重旋转的点（图 5.39a-b）。

p4gm 类（缩写为 p4g 类）整体图案的最高旋转次阶为四，存在平移、双重旋转以及两个方向上的反射和滑移反射（图 5.40a-b）。

p4mm 类（缩写为 p4m 类）整体图案的最高旋转次阶为四，存在平移、双重旋转以及水平、垂直和两个对角线方向上的反射轴（图 5.41a-b）。

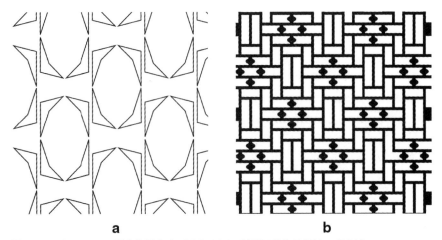

图 5.35a-b　c2mm 类整体图案（JSS 和 MV，基于汉恩作品设计，1991）

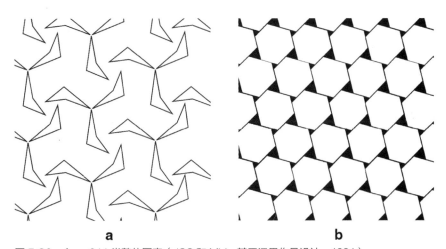

图 5.36a-b　p311 类整体图案（JSS 和 MV，基于汉恩作品设计，1991）

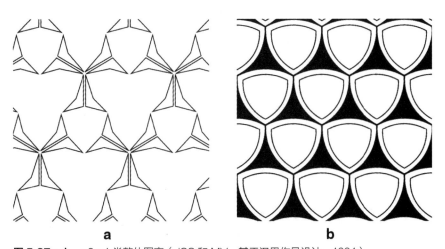

图 5.37a-b　p3m1 类整体图案（JSS 和 MV，基于汉恩作品设计，1991）

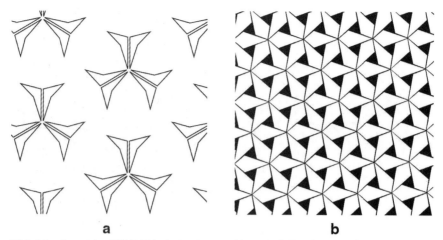

图 5.38a–b　p31m 类整体图案（JSS 和 MV，基于汉恩作品设计，1991）

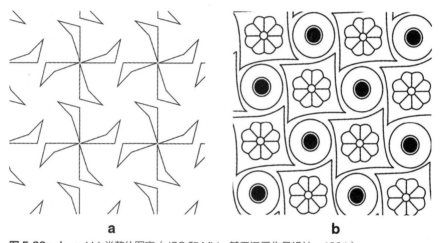

图 5.39a–b　p411 类整体图案（JSS 和 MV，基于汉恩作品设计，1991）

六重旋转对称

　　p611 类（缩写为 p6 类）整体图案最高旋转次阶为六，存在平移及三重和双重旋转的点（图 5.42a-b）。

　　p6mm 类（缩写为 p6m 类）整体图案的最高旋转次阶为六，存在平移、三重和双重旋转的点及几个不同方向上的反射（图 5.43a-b）。

交错杂色花纹设计

　　花纹和规则图案中系统性的颜色变化也可以根据对称概念来解释。在许多重复的设计中，从一个重复单元到下一个重复单元时，颜色可以简单地再现，而无需分布变化。因此颜色得以保留，并且整个设计上的每个重

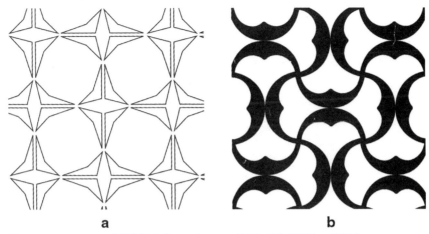

图 5.40a-b　p4gm 类整体图案（JSS 和 MV，基于汉恩作品设计，1991）

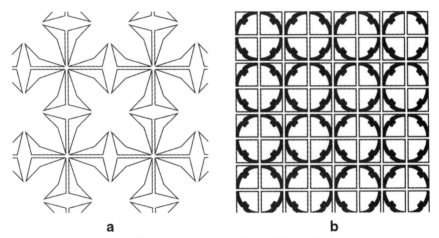

图 5.41a-b　p4mm 类整体图案（JSS 和 MV，基于汉恩作品设计，1991）

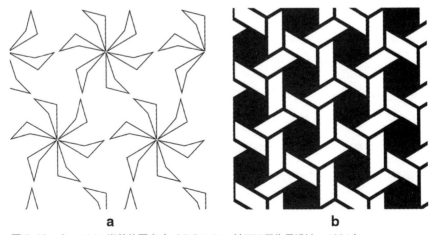

图 5.42a-b　p611 类整体图案（JSS 和 MV，基于汉恩作品设计，1991）

图 5.43a-b p6mm 类整体
图案（JSS 和 MV，基于汉恩
作品设计，1991）

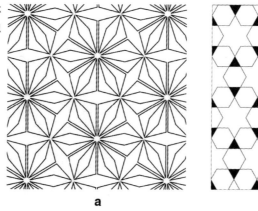

a   b

图 5.44 交错杂色花纹的示
意图（MV，基于汉恩作品设
计，1991）

复单元的相同组分着色相同。这一点与本章到目前为止描述过的所有图案都相同。然而，颜色可以系统地改变，以产生所谓的交错杂色花纹（图 5.44），这一术语由克里斯蒂（Christie，1910 年和 1969 年版本的第 10 章），冈布里奇（Gombrich，1979：89）和伍兹（Woods）提出。当艺术家伊哈卜·哈纳菲（Ihab Hanafy）被要求响应"艺术和设计中的交错杂色花纹"的主题时，他创作了如图 5.45 ～ 图 5.50 所示的实例。

汉恩（2003a，b，c）、汉恩与托马斯（Thomas，2007）解释并说明了在规则重复的图案中，涉及二色、三色和更多颜色对称性的颜色交杂的相关原则。虽然本节的重点在于研究规则重复的图案中系统性的颜色变化，当然我们也可以以相同的方式来探讨交错图案的其他特性，例如纹理，所使用的原材料和物理性质（无论什么类型）。

分形和自相似性——另一种对称

分形是一种呈现出独特重复类型的几何

图 5.45　交错杂色花纹 1（伊哈卜·哈纳菲）

图 5.47　交错杂色花纹 3（伊哈卜·哈纳菲）

图 5.46　交错杂色花纹 2（伊哈卜·哈纳菲）

图 5.48　交错杂色花纹 4（伊哈卜·哈纳菲）

形状，并且由相同的部分组成，每个部分是（至少大约是）整体形状的缩小版。重复的操作被称为迭代，对称类型被称为比例对称（或自相似）。伯努瓦·曼德博洛（Benoît Mandelbrot）为了描述这样的物体或图形，创造了术语"分形"一词。这些图呈现出高度

的自相似性。分形图像的一个著名的例子是康托尔集（Cantor Bar Set）（以 19 世纪德国数学家乔治·康托尔 -Georg Cantor 命名）。康托尔集可以通过将一条线三等分后去除中间部分来进行构造（图 5.51）。该过程可以无限重复，首先对剩下的两个部分重复此操作，

图 5.49　交错杂色花纹 5（伊哈卜·哈纳菲）

图 5.50　交错杂色花纹 6（伊哈卜·哈纳菲）

然后对由该操作产生的四个部分逐一进行此操作，依此类推，直到所得对象具有无限多的组成部分，并且每个部分的尺寸都极小。

分形可以基于数学模型，但它在实际生活中也非常常见。在自然界中，分形例子的可以是各种蔬菜（如花椰菜和西兰花）、云彩、闪电、树木、海岸线和山脉。在建筑环境中，在哥特式大教堂的外部和内部都可见到分形结构，其中通常可见于大小不一的各种拱形结构。由安东尼·高迪（Antoni Gaudi, 1852 ～ 1926）设计的圣家宗座圣殿暨赎罪殿（*Basilicay Templo Expiatorio de la Sagrada Familia*），又称圣家堂（Sagrada Familia），也呈现出自相似性（图 5.52a-b）。博威（Bovill, 1996）提供了一个很好的信息来源，可以加深你对于分形的认知。学生们为了响应"分形"这一主题而创作的一系列图像可见图 5.53 ～ 图 5.66。分形镶嵌领域的著名专家罗伯特·法索尔（Robert Fathauer）创作的图像如图 5.67 ～ 图 5.69 所示。图 5.70 展示了由一位卓有成就的研究者、学者和实践者克雷格·S·卡普兰（Craig S. Kaplan）创作的图像。

图 5.51　康托尔集（JSS）

图 5.52a-b　圣家堂，由安东尼·高迪设计，巴塞罗那，2007

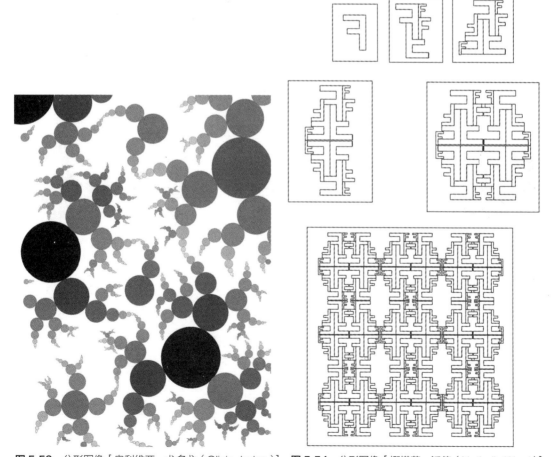

图 5.53　分形图像 [奥利维亚·尤多戈（Olivia Judge）]　　**图 5.54**　分形图像 [娜塔莉·沃德（Nathalie Ward）]

图5.55 分形图像［雷朗·宋（Reerang Song）］

图5.57 分形图像［娜塔莎·珀内尔
（Natasha Purnell）］

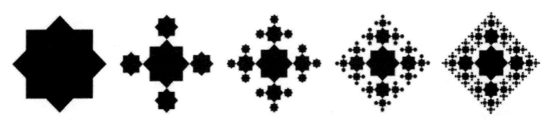

图5.56 分形图像［爱丽丝·辛普森（Alice Simpson）］

图5.58 分形图像［埃斯特·奥克利（Esther Oakley）］

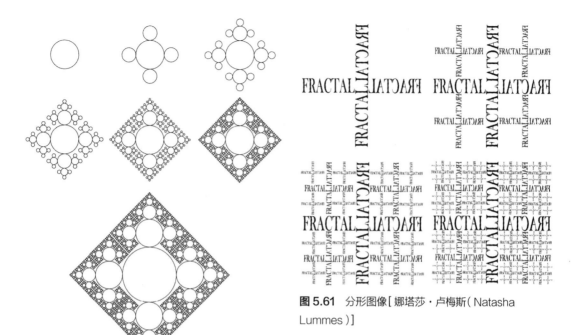

图 5.61 分形图像 [娜塔莎·卢梅斯 (Natasha Lummes)]

图 5.59 分形图像 [约瑟夫·穆加特罗伊德 (Josef Murgatroyd)]

图 5.60 分形图像 [罗比·麦克唐纳 (Robbie Macdonald)]

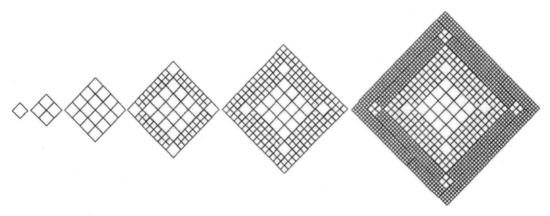

图 5.62　分形图像［雷切尔·李（Rachel Lee）］

图 5.63　分形图像［爱德华·杰克逊（Edward Jackson）］

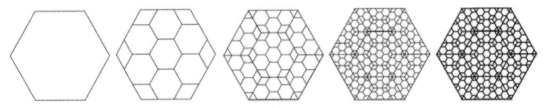

图 5.64　分形图像［泽尼布·侯赛因（Zanhib Hussain）］

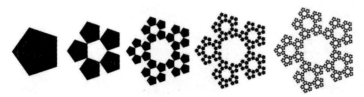

图 5.65　分形图像［杰西卡·戴尔（Jessica Dale）］

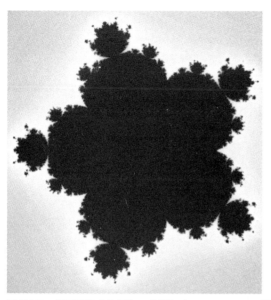

图 5.66　分形图像［丹尼尔·费希尔（Daniel Fischer）］

图 5.68　罗伯特·法索尔于 2007 年创作的"分形树 5 号"是一件数字艺术品，它是通过重复玫瑰丛基部照片的一个构成要素而产生的。多刺的茎的粗糙外观与整体分形的轻盈、羽毛状的外形并行

图 5.67　"螺旋的分形镶嵌"。罗伯特·法索尔（Robert Fathauer）是物理和数学专业的毕业生，并获得电气工程博士学位。他在 20 世纪 80 年代末开始设计自己的镶嵌装饰。十年后，他的兴趣拓展到分形、分形结和分形树领域。他将作品进行了广泛地出版和展出。"螺旋的分形镶嵌"是一件数字艺术品，完成于 2011 年 2 月。它是基于由法索尔博士十年前发现的风筝形状砖格的一种分形镶嵌而设计的。印刷品中的所有螺旋都具有相同的形状（更精确地说，它们在欧几里得平面中都相似）

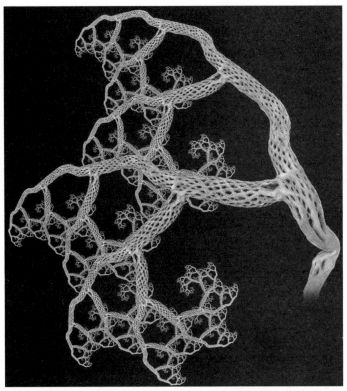

图 5.69　罗伯特·法索尔于 2009 年设计的"分形树 7 号"是一件数字艺术品，它是通过重复一棵仙人掌的枝干照片的一个构成要素而产生的

图 5.70　镶木地板变形，由克雷格·S·卡普兰设计。该设计是一种"镶木地板变形"，灵感来自威廉·赫夫（William Huff）的设计工作室，该工作室中的平面镶嵌由在空间中缓慢形成的形状构建而成。在此设计中，正方形逐渐演变成具有分形边界的形状

本章小结

与"对称"相关的概念已经用于描述和分类设计，特别是规则重复的设计，通常其特征为一个砖格、基本花纹或图案沿着一条带子系统性（或规则）地重复（即带状图案），或在一个平面内系统性（或规则）地重复（即整体图案）。"图案"一词意指可感知到的秩序的存在。本章介绍了"对称"无处不在的特性，特别是如何将其应用于二维重复设计（或图案）及其组成部分中。

可以看出，基本花纹可以根据其构造中使用的对称操作被分为两大类别。阶数高于 c1 的任一 cn 类花纹仅表现出旋转特性，并且阶数高于 d1 的任一 dn 类花纹表现出旋转和反射特性。平移、旋转、反射和滑移反射的对称操作相互组合可以产生 7 种（且仅有 7 种）规则重复的条纹图案；当与五种晶格结构（称为布拉维晶格）组合使用时，可以产生 17 种类型的整体图案。图案可以通过参考它们的对称特性来分类：如果两个图案具有相同的对称特性，它们则因此同属相同的对称类型。

基本花纹、规则图案和镶嵌中系统性的颜色变化也可以根据对称概念来解释。在许多重复设计中，重复单元及其组成部分保持同一种或多种颜色。颜色可以系统地且以连续的方式改变，以产生所谓的交错杂色花纹。

分形是由相同部分组成的几何形状，每个部分是（至少近似）整体形状的缩小版。虽然分形是从 19 世纪后期（当时它被认为是一种数学好奇心）开始为人所知的，但是直到 20 世纪 60 和 70 年代，通过伯努瓦·曼德博洛和其他科学家的研究才揭示了它的真正特性。术语"分形"一词由曼德博洛创造，用来描述具有高度自相似性的复杂几何对象。

第6章

斐波那契数列入门和线段的黄金分割

引言

开普勒（1571～1630）是一名伟大的天文学家，他在著作《宇宙的奥秘》（*Mysterium Cosmographicum*，1596）中称几何学有两大珍宝：一是勾股定理，二是将一条线段分成长度不等的两段，原线段与较长段的比例等于较长段与较短段的比例（几何学者称其为黄金比例）。开普勒把第一个珍宝比作黄金，第二个比作一件"珍稀的珠宝"[亨特利（Huntley），1970：23；弗莱彻（Fletcher），2006]。本章关注的问题是第二种珍宝及其相关的几何现象对于艺术家和设计师的价值。

本书涉及许多几何学原理、人物和物体，与此相关的早期思想总是与欧几里得（公元前325～前265年）等早期希腊数学家有关。所谓的黄金分割就是这样的例子。欧几里得在他的著作《元素》（*Elements*）中给出了定义："按照黄金比例切分一条线段，长段与整体的比值等于短段与长段的比值"（希思，1956：188）。所有艺术和设计领域的实践者和老师基本上都听说过黄金分割，但很可能许多人都没有真正理解它实际上是什么以及如何将它应用到创作过程中。所以本章与注于补救这种局面。

值得一提的是，在现阶段，"黄金分割"这一说法可能令人感到很困惑，因为在日常英语中，"section"一词的意思是"部分"。但是，在"golden section"中，"section"的意思是"切割"、"分割"，或者更准确来说是指"分割点"。关键在于黄金分割是两段的比值（接近1.6180：1）。最早涉及黄金分割的著作是卢卡·帕乔利（LucaPacioli，1445～1517）的《神圣比例》[*De Divina Pro portione*，1509；亨特利，1970：25和奥尔森（Olsen），2006：2)]。据称，莱奥纳多·达·芬奇（Leonardo da Vinci）阐述该工作时，使用了黄金分割这一术语，虽然似乎该术语首次出现在1835年马丁·欧姆（Martin Ohm）的著作《纯粹的基础数学》（*Pure Elementary Mathematics*，奥尔森，2006：2）。

历经岁月，许多其他术语已经被创造出来包括黄金或神圣比例、中位数（mean）、数字（number）、分割或比例。20世纪，美国数学家马克·巴尔（Mark Barr）提出用希腊字母 φ（phi）来表示接近1.6180的数值，此前已指出该数值与黄金分割有关。φ与诸多方式有关，遍及自然、建构和工业化世界，很多关系中都蕴含 φ。各种知名建筑的尺度、人体的比例，其他动物、植物、DNA、太阳系、音乐、舞蹈、绘画、雕塑和其他艺术形式的比例都与 φ 相关。但是，应该强调的一点是，过去关于艺术家、建筑师、建造者和设计师对于黄金切割的使用存在着争议。众多知名学者在令人信服的评论中指出了这些年来著作中对 φ 的误解。

本章将介绍斐波那契数列，解释并阐明了许多应用黄金分割的建筑，以及总结了有关黄金分割在艺术和建筑领域中应用的争论。

斐波那契数列

萨城的莱奥纳多把一种特殊的数列（最终被命名为斐波那契数列）引入欧洲（1170-1250）。斐波那契早期主要是在北非生活，在那里，他学习了阿拉伯数字及其相关的十进制体系。他 30 出头回到意大利，在 1202 年出版了《计算之书》（*Liber Abaci, the Book of the Abacus or Book of Calculation*），因此把印度 - 阿拉伯数字引入欧洲。该书提出了一个关于理想情况下（从生物学的角度来说无法实现的）一对兔子的后代的问题。该问题假设在某年一月将一对新生兔子放在一个封闭的场所。二月这对兔子交配，在三月又生出一对兔子。此后，每对兔子（包括第一对兔子）在出生后的第二个月各生一对兔

子，随后每个月一对（亨特利，1970：158）。问题是算出年底的时候总共有多少对兔子。斐波那契指出，每月连续的兔子总量形成一个数列：1，1，2，3，5，8，13，21，34，55……（图 6.1）。因此在那年年底，总共有 144 对兔子。尽管我们认为斐波那契发明了这个数列，但他很可能是吸取了北非伊斯兰学者的相关知识，而这些学者很可能是从印度数学家那里学到的这些知识。显然，早在 6 世纪，印度数学家就已经对斐波那契数列有所了解 [古娜迪拉克（Goonatilake），1998：126]。斐波那契数列有很多有趣的特性。从数字 3 开始，该数列的每位数除以前面那位数约等于 1.618。比如 5 除以 3 等于 1.666，8 除以 5 等于 1.60。数列中越大的数，相邻两位数的比值越接近黄金分割值 1.6180（或者更精确地说是 1.6180339887）。正如之前所提到的，该黄金分割的值 1.618 已被称为是 phi（φ），与建筑中的黄金分割紧密相关。

查尔斯·邦尼特（Charles Bonnet，1720 ~ 1793）观察到，茎上叶子生长形成的螺旋（称为叶序）是顺时针和逆时针方向的，频率总是符合斐波那契数列的连续数字。爱德华·卢卡斯（Edouard Lucas，1842 ~ 1891）将与斐波那契有关的第一个数列命名为斐波那契数列。亨特利（1970：159-160）表明，斐波那契数列在不同领域中是显而易见的，包括一只特定的雄蜂的系谱表。这只雄蜂从未受精卵中孵出；受精卵只孵化雌蜂（蜂后

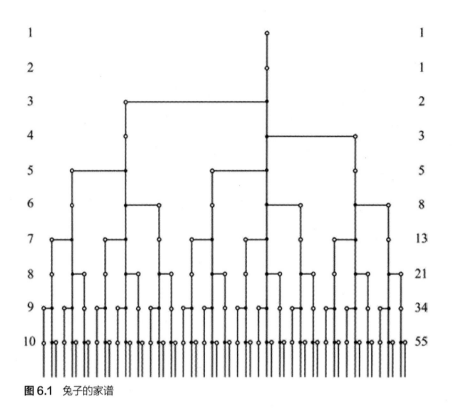

图 6.1 兔子的家谱

和工蜂）。因此可以算出雄峰有一个母亲、两个祖父母（一公一母）、三个曾祖父母（两母一公）、五个曾曾祖父母（三母二公）、八个曾曾曾曾祖父母等，因此它的系谱表与斐波那契数一致（1、2、3、5、8、13……）。

涉及黄金分割和斐波那契数列的大量出版物和网站总是把重点放在自然界中斐波那契数列的发生率。它们往往会列举花瓣数量符合斐波那契的花朵。这些资料还记录了一些矛盾之处。海门维（Hemenway, 2005：136）列出了 3 片花瓣的百合花，5 片花瓣的金凤花，8 片花瓣的飞燕草，13 片花瓣的珍珠菊，21 片花瓣的紫菀，34、55 或 89 片花瓣的雏菊。然而，亨特利则称一束雏菊可能

有 33 或 56 片花瓣，"而不是斐波那契数列中的 34 和 55"（亨特利，1970：161）。出版的刊物普遍存在偶尔地马虎大意的情况（有人称其为选择性报告），有些数字的选取纯粹是因为它们出现在数列中，而并不是真实记录的数字。比如，海门维（2005）论述花瓣数量体现斐波那契数列时，展示了 6 张未标记的不同花朵的照片，包括一张展现 5 个完整花头的照片（一种杂交的雏菊），里面的花分别有 18、17、19、17 和 14 片花瓣，所有这些数字都不在斐波那契数列中（海门维，2005：136）。尽管海门维（2005）并没有声称花瓣数量与斐波那契数字一致是一个不变的规律，很多其他相关的文学作品都暗示了

彩图 1 和 2 "设拉子"（左）和"设拉子"（右），由马里安·瓦齐里安（Marjan Vazirian）创作，源于在她的家乡设拉子（伊朗）拍摄的外墙铺砌设计

彩图 3 由克雷格·卡普兰（Craig S. Kaplan）创作，这幅图像展现了一种伊斯兰星形样式，由嵌在球体表面的连锁六边环构建而成。加厚该样式，使其成为一个精细的三维模型，并且使用快速原型打印系统将其作为塑料雕塑打印出来

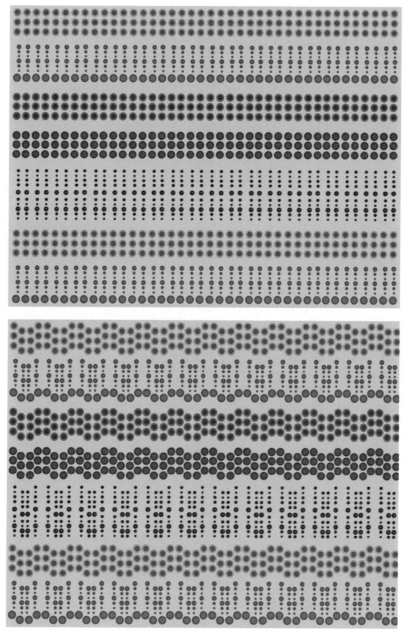

彩图 4 和 5 "挽歌 008"（上）和"挽歌 013"（下），由艺术家和学者凯文·莱科克（Kevin Laycock）创作，是对英国作曲家迈克尔·伯克利（Michael Berkeley）的音乐作品进行分析后的视觉反应

彩图 6 "三种鱼",由罗伯特·法索尔创作,是 1994 年创作的限量版屏幕。该花纹与埃舍尔的镶嵌设计相类似,但设计的对称性却截然不同。埃舍尔设计中尾部和鱼鳍拥有四重旋转对称性,而下巴具有双重旋转对称性。另一方面,"三种鱼"的尾部、鱼鳍和嘴具有三重旋转对称性

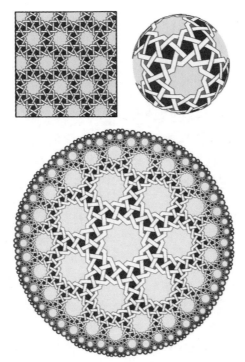

彩图 7 克雷格·卡普兰是在加拿大滑铁卢大学(University of Waterloo)。他的研究聚焦于计算机绘图、艺术和设计之间的关系,重点关注绘图设计、插图和架构的应用。这幅图举例说明了一种传统的伊斯兰星形样式,使用交错的条带进行绘制。样式按常规形式显示在左上角。右上角和底部图像展示了在球体表面和非欧几里得双曲面中弯曲几何上同一样式的重新想象

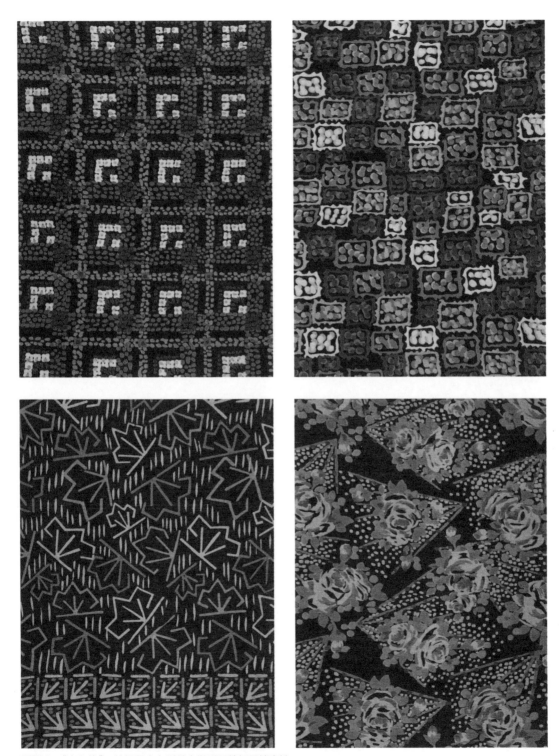

彩图 8 "点和线"，纺织品来自利兹大学国际纺织品档案馆

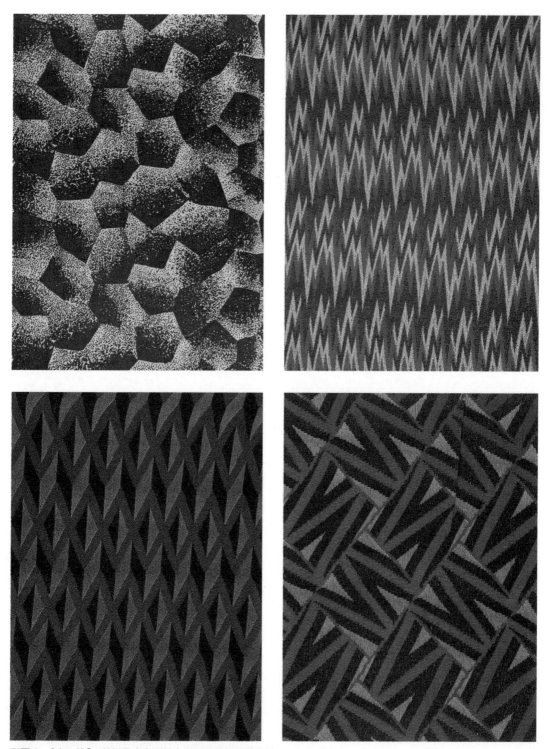

彩图 9 "点和线",纺织品来自利兹大学国际纺织品档案馆

彩图 10 "点和线"，纺织品来自利兹大学国际纺织品档案馆

彩图 11 "点和线"，纺织品来自利兹大学国际纺织品档案馆

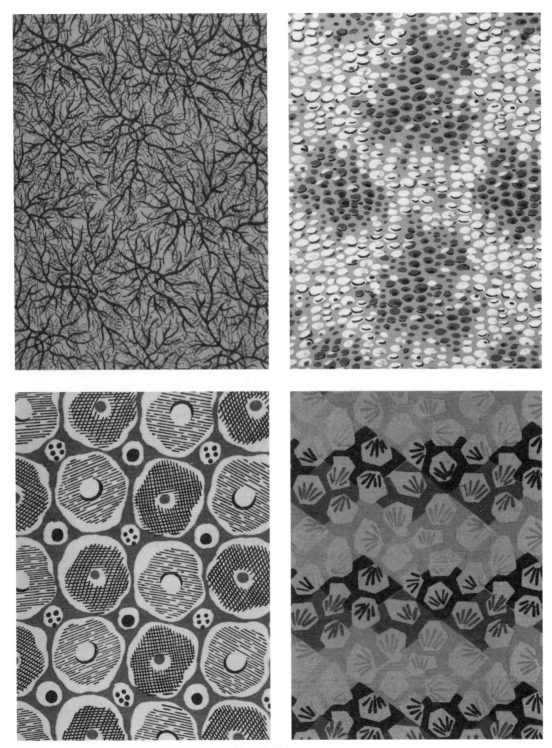

彩图 12 "点和线"，纺织品来自利兹大学国际纺织品档案馆

彩图 13 "点和线"，纺织品来自利兹大学国际纺织品档案馆

彩图14 "点和线"，纺织品来自利兹大学国际纺织品档案馆

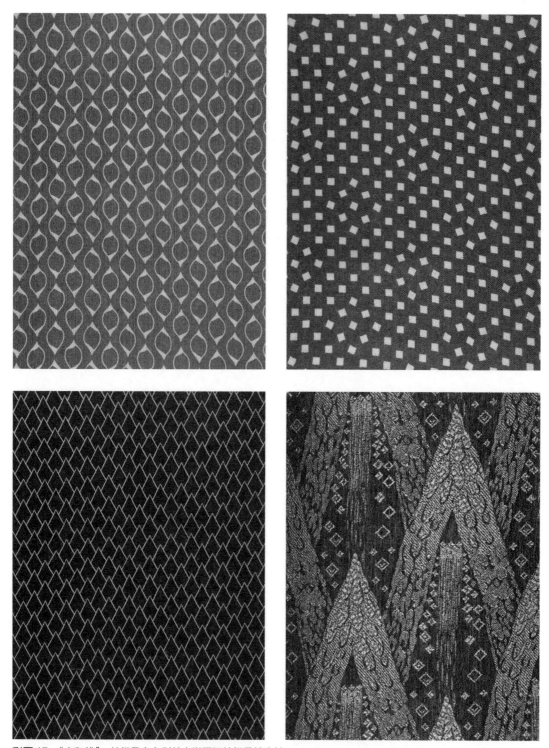

彩图 15 "点和线"，纺织品来自利兹大学国际纺织品档案馆

彩图 16　由吉多·马奇尼（Guido Marchini）设计。由利兹大学国际纺织品档案馆提供

彩图 17 由吉多·马奇尼设计。由利兹大学国际纺织品档案馆提供

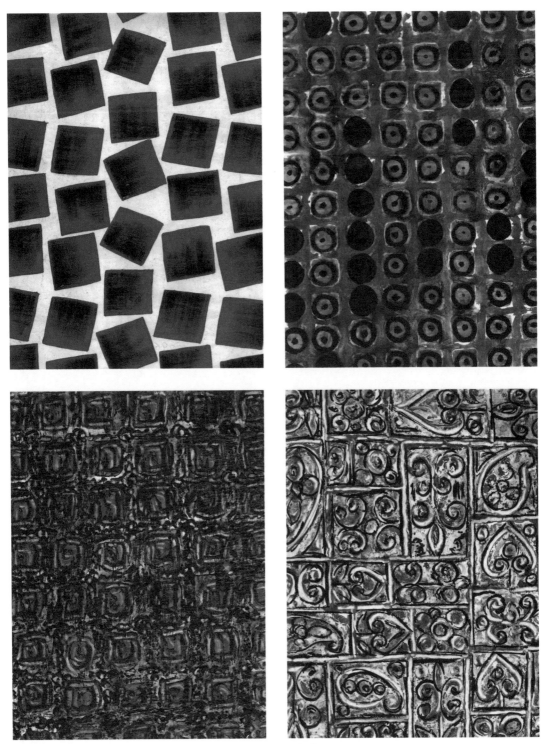

彩图 18 由吉多·马奇尼设计。由利兹大学国际纺织品档案馆提供

彩图 19 由吉多·马奇尼设计。由利兹大学国际纺织品档案馆提供

图 6.2a-e　不属于斐波那契数列的花瓣数量，利兹，2011

这一点。似乎人们愿意选择忽略那些不属于斐波那契数字的花瓣数量或大自然现象（图 6.2a-e）。

黄金分割

正如引论一节中所讲，黄金分割这个术语是用于形容一条分为不等长两部分的线段，短的部分与长的部分的比值等于长的部分与整体的比值（图 6.3）。假设长的部分等于度量单位 1，那么整体的长度就是 1.6180，短

的部分则为 0.6180。由此可以看出，倘若长的部分是短的部分的 1.6180 倍，那么这两部分符合黄金分割比率，也就是 1.6180：1 或者 φ：1。

正如卡普莱夫（Kappraff，1991：83）所指出的，保罗·克利（Paul Klee）在他的《笔记本》（*Notebooks*）中提出一种简单的黄金分段方法（只用一个圆规和直角尺）。这种方法被称为"三角构造法"[伊拉姆（Elam），2001：26]。从 AB 线段开始（如图 6.4 所示），绘制线段 AC，使 AC=1/2AB，并与线段 AB

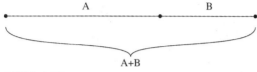

A+B : A=A : B

图 6.3 黄金分割（AH）

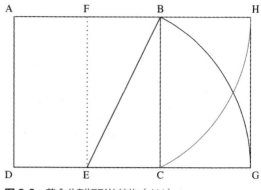

图 6.6 黄金分割矩形的结构（AH）

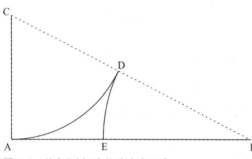

图 6.4 黄金分割三角构造法（AH）

6.5 ），交点 F 和 G 将每条对角线按黄金比例进行了切分。

黄金矩形

黄金分割矩形（有时简称黄金长方形）可以按照下面的方法，由正方形得到：从正方形 ABCD 开始（如图 6.6），确定 CD 中点 E 和 AB 中点 F。连接 EB（有时也称半对角线）。以 E 为圆心、EB 为半径画圆弧，与 DC 延长线交于点 G。以 F 为圆心、FC 为半径，画圆弧交 AB 延长线于点 H。连接 GH，将长方形 AHGD 补全，其边长比为 1.6180：1。这个黄金矩形（AHGD）包含最初的正方形（ABCD）和一个小一点的长方形（BHGC）。这个小长方形（有时被称作是互逆的黄金矩形），和大的长方形一样，长宽的比例为 1.6180：1。由于这特殊的性质，黄金矩形也被称作是"旋转正方形的矩形"（此前在第 3 章"静态和动态矩形"中有所提及）。

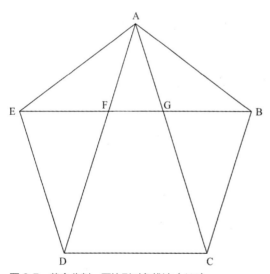

图 6.5 黄金分割—五边形对角线法（AH）

垂直。以 C 为圆心 CA 为半径，绘制圆弧与 CB 交于点 D；以 B 为端点 BC 为半径，绘制圆弧与 AB 交于点 E，因此线段 AB 被分成了黄金分割段 BE 和 AE，其比值接近 1.6180：1。

如果画出五边形 ABCDE 的对角线（图

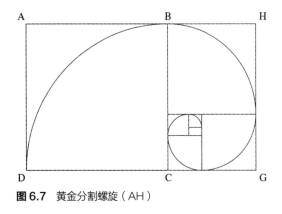

图 6.7　黄金分割螺旋（AH）

黄金螺旋形

按照上面的黄金切割矩形法，我们可以进一步画出互逆的长方形。以连续互逆矩形中正方形的边长作为半径，形成的圆弧相互连接，形成黄金分割螺旋形（也简称黄金螺旋形）。

在艺术、设计和建筑领域的应用——辩论综述

针对黄金分割等相关测量方法在建筑、绘画、雕塑和设计领域的应用，存在大量的研究。吉卡（1946）、多齐（Doczi，1981）、劳勒（Lawlor，1982）、伊拉姆（2001）和海明威（2005）撰写了跨领域的相关详细文献，大部分艺术与设计学生都可以接触到这些作品，大部分艺术与设计图书馆也存有这些书籍，至少在欧洲和北美是这样。通常，一个关于黄金分割的分析如下所示：我们先识别

一栋建筑或艺术品，再用线条画出外观、雕塑、绘画或者其他物体，在画线部分上叠加绘制黄金分割矩形（长宽之比为 1.6180：1），并且记录画中审美要素或结构元素的位置以及它们如何与黄金分割矩形的对角线或部分重合。通常，针对这些分析的讨论认为（或至少暗示），艺术家、工匠或建造师有意识地在精选作品的创作、制作时应用黄金分割比例。有迹象表明，有时艺术家可能没有意识到黄金比例理论，而是在模仿自然的比例。在 20 世纪晚期和 21 世纪早期，有一系列学术文章（主要是数学家的文章）对一些已有的观念提出质疑，也就是质疑黄金分割在艺术、设计和建筑领域的应用以及这些观念背后学术性知识的缺失。最知名的批判家包括费斯克勒（Fischler，1979，1981a，1981b）、马尔科夫斯基（Markowsky，1992）、奥斯特瓦尔德（Ostwald，2000）、玛尔迟（March，2001）、法尔博（Falbo，2005）和耶勒布鲁克（Huylebrouck，2009）。

据称，英国巨石阵（公元前 3100～前 2200 年）的同心圆应用了黄金分割的比例（多齐，1981：39-40）。但是，能够支持这点的论据不足，石阵与组成的圆圈之间的联系似乎很大程度来说是人们推测和假设的。也许，在建造的不同阶段，确实运用了很多重要的数学比例，但多齐给出的论据并不充分。

经常有人推测古希腊人有意识地在建筑和雕塑中运用黄金分割。很多研究称帕台农

神殿的比例就证明了黄金分割在希腊建筑中有意识的应用。很多时候，在相关环境中，建筑物立面或者建筑物立面中的一些元素受黄金矩形的限制（长宽比例为 1.6180：1）。不同学术研究之间存在大量的不同之处。例如，耶勒布鲁克和拉巴勒克（Labarque，2002）强有力地反驳了一些声称帕台农神殿东侧运用了黄金分割的学说。戈扎雷（Gazalé，1999）注意到黄金比例的数学应用似乎源于欧几里得的《元素》一书（公元前 300 年）。而这本书是在帕台农神殿建造后的一段时间写成的（公元前 447 ~ 前 432 年）。重要的是，在欧几里得眼中，黄金分割和其他数学测量具有同等地位，并没有什么特殊意义（戈扎雷，1999）。因此，很有关于黄金分割与古希腊建筑、雕塑相联系的观点可能没有任何依据，没有任何实际的测量作为支撑。费斯克勒（1979，1981a 和 1981b）和马尔科夫斯基（1992）的诸多著作强有力地挑战了那些认为现代开始之前黄金分割就已被建筑师和艺术家广泛使用的观点。虽然这些学说有很强的学术性并且提出了强有力的反驳论据，但是至少在 21 世纪的前十年，那些认为过去艺术、建筑和设计中含有黄金分割的出版物依然在增长。很多相关的文献都涉及黄金分割有意识的使用，而不是简单凭借艺术或美术视角来选择某种特定维度、比例或构成的测量方法。

莱昂纳多·达·芬奇的作品通常会得

到黄金分割研究者的关注（海明威，2005：112-113）。利维奥（Livio，2002）比照《蒙娜丽莎》，通过观察总结这一幅作品在学术界和观察者眼中存在大量争议，以至于"基本上不可能"达成明确的关于黄金分割的结论（利维奥，2002：162）。类似的结论同样适用于很多其他出版物，这些出版物注重黄金分割在米开朗琪罗、丢勒（Dürer）、修拉（Seurat）、伦勃朗（Rembrandt）和特纳（Turner）作品中的应用（例如，海明威，2005）。哥特式天主教堂和很多埃及金字塔也最终得出相似的缺乏说服力的结论。

对创意从业者的启发

尽管缺乏充分的证据和有力的分析证明过去的艺术、设计和建筑中运用了黄金分割和黄金分割测量，但是我们不能忽视一些观察者提出的该体系的潜在价值。的确，诸多20 世纪艺术家和设计师有意在作品中运用与黄金分割相关的测量或比例。勒·柯布西耶和汉比奇的作品尤其值得一提。

查尔斯·爱德华·让纳雷（Charles-Edouard Jeanneret，也称"勒·柯布西耶"）是 20 世纪的著名建筑师，他研究出叫做"模块化"的一套设计规则，该体系基于两个数列的使用（一个是红色数列，另一个是蓝色数列）。在他的著作《模块化》（The Modular）中，勒·柯布西耶解释他的体系是基于人体模型（一个 6 英尺高的男性）、一系列相关的黄金分割和斐波那契数列（1954：55）。重要的是，勒·柯布西耶并不是想要提出一套严格遵守的限制规则，而是去提供一个可以调整操纵的灵活框架，在严格遵守规则与设计师最初直觉相反的时候尤为如此（勒·柯布西耶，1954：63）。

勒·柯布西耶的模块化设计体系中很重要的一方面是它依据的是人体比例，这可以追溯到罗马工程师、建筑师维特鲁威（Vitruvius）时代的设计，还可以追溯到众多包括卢卡·帕乔利［莱奥纳多·达·芬奇阐述了帕乔利的《神圣比例》（*Divina Proportione*）］在内的意大利文艺复兴思想家所处的时代。勒·柯布西耶同样展示了比例与其两个数列相关的一系列矩形。

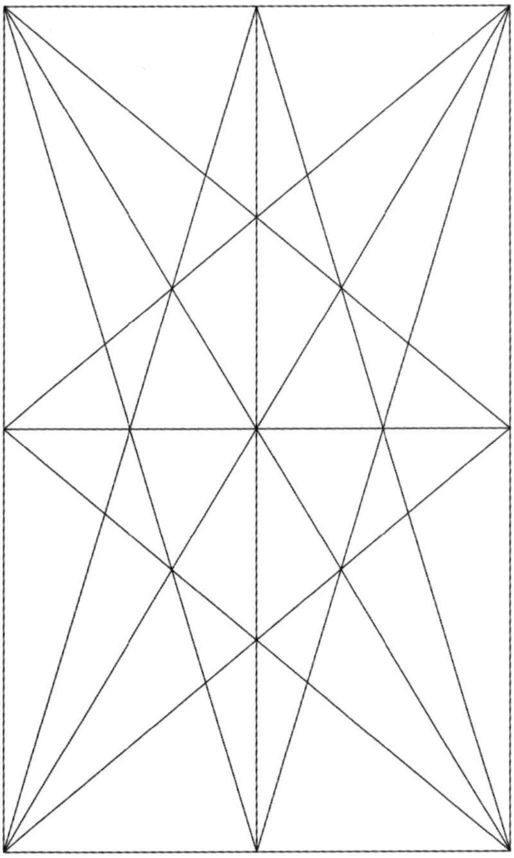

现代艺术家和设计师提出的最有趣、最有潜在价值的提议大概是由汉比奇提出的，比勒·柯布西耶早几十年。他也列举了主要基于根号矩形的一系列矩形（第 3 章涉及这部分内容）以及旋转正方形矩形（由黄金分割矩形构成）。他将这两类矩形都称为设计师矩形。

此处展示了长宽之比是 1.618：1 的构图矩形，它的分割方式与第 3 章根号矩形相同。首先绘制两条角对角的对角线，由此可以确定矩形的中心。然后平分矩形中心的每个角并连接对边的中点，整个图形分为相等的四

图 6.8　布鲁内斯星型黄金分割矩形（AH）

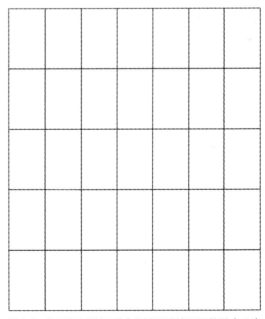

图 6.9　单元格比例接近黄金分割矩形的矩形网格图（AH）

部分。接着画出八条半对角线（每个角引出两条对角线连接两条对边的中点）。虽然并没有基于正方形，但这形成了布鲁内斯星型分割（Brunes-Star-type division）。线段交错的地方形成了审美要点（key aesthetic points）（图6.8）。

此外，还有一幅黄金分割矩形网格图（长宽比例 1.618：1，图 6.9）。这补充了本书中其他的构成图。读者可以用这些框架来计划个人艺术和设计作品。正如勒·柯布西耶，艺术家或设计师"在任何时候都有权对解决方案提出质疑……并且应该听从个人的审美判断，而不是盲目遵循与之相对的计划"（勒·柯布西耶，1954：63）。

本章小结

本章简要回顾了黄金分割以及相关几何图形的本质，相关几何图形如黄金分割矩形（也称作旋转正方形的矩形，此前在第 3 章有所涉及）和黄金分割螺旋。本章还解释了斐波那契数列，尤为关注黄金分割及其相关图形在艺术、设计和建筑领域的应用。本章同时提出了现代创意实践者可能使用的构成矩形和网格。

除去一些特例，注重在过去的艺术和设计作品中寻找黄金分割应用的研究通常研究方法缺乏严谨性、分析不足、充斥着无用的评论而且披着学术研究的外衣。分析方法应该是清楚明确的，这样得到的数据才可以令其他研究者继续使用。结果的重复是重要的一点，因为理论的建设和进步都依赖于此。

第7章

多面体、球体和圆顶

引言

目前本书主要注重网格图、铺砌、图案等二维现象，以及设计师计划使用二维空间的方法。两类重要的铺砌分别是柏拉图式铺砌（或规律性铺砌）和阿基米德式铺砌（或半规律性铺砌），这在第4章中有所介绍。在三维空间中，正多边形的排列可以被分为两类，同样是以这两位希腊思想家命名。第一类称作柏拉图式，或正多面体、立体；第二类称作阿基米德式，或半正多面体、半立体。正如铺砌排列方式，除此之外还有其他多面体的分类，但是本章只将重点放在以上提到的这两种。同时本章还会简要提及球体的本质以及多面体在不同情形下的应用，包括在艺术、设计和建筑领域的应用。

球体

在描述三维物体本质的很多文献中，有较早期的书籍就已经提及了球体。球体与三维的关系相当于圆形与二维的关系。球体相当于半圆形在三维空间围绕直径自转形成［钦

（Ching），1996：42］。通常，人们认为柏拉图和阿基米德式立体（以下小节简要介绍）与球体相关，这两类立方体有时可以看作是一类。球体的每面都是圆的，表面的曲率相同，无论围绕其中心是旋转还是反射，都是完全对称。球面每个点到中心的距离相等，形成始于中心的半径。球面上两点穿过球体最长的距离是直径（长度为半径的二倍）。原则上说，球体有无数条半径和直径。每个球体可以分为两个半球，方法是用一个平面穿过球心截掉球体。很多用于形容二维空间的几何规则并不适用于球体或其他曲形物体。比如，在球面上形成的三角形的内角和超过180度。与其他已知的立体相比，在表面积相等的情况下，球体体积最大。

柏拉图式立体

在本书中，多面体是完全由多边形表面构成的立体的三维物体，两面在直边处交汇，三个或更多面在角（或顶点）交汇，不存在重叠或者缝隙。有时，一个多面体被认为只包括外表面，但有时表面内的体积也包

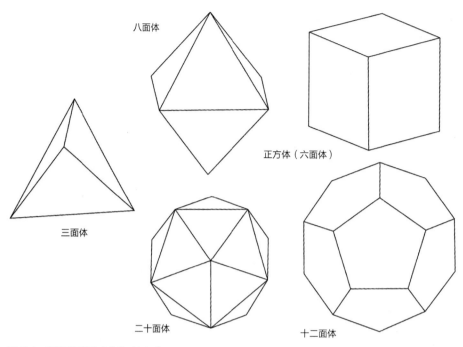

图 7.1　五种柏拉图式立体（MV）

含在内（在每个表面是闭合平面的情况下），而有时则是只包括角和顶点的骨架形式。柏拉图式立体总共有五种（图 7.1）。这些多面体是由每面都是相同的正多边形而且相同数量的多边形在每个顶点交汇而得到的。希腊人对这五种立体进行了区分，并给出了最早的书面证据［比如柏拉图的《蒂迈欧篇》（*Timaeus*）］。下面将对此进行进一步的阐释。

　　在一个给定的柏拉图式立体中，每面大小和形状完全相同。正如之前所说，相同数量的面在每个顶点交汇（因此每个顶点也相同）。金字塔底面是正方形，其余面是三角形，因此就不属于柏拉图式立体。柏拉图式立体中三种有正三角形面，其中三个、四个或者五个正三角形面在每个顶点相交，这就产生

了四面体（四个表面）、八面体（八个表面）和二十面体（十二个表面）。这系列中的另两个多面体是六面为正方形的正方体和十二面为正五边形的十二面体。每个柏拉图式立体相当于在一个球体中每个顶点都位于球体的内表面。值得注意的是，虽然本书并没有涉及这个话题，多面体就像是在三维空间中的图案或铺砌，表现出旋转和镜面对称的特征，自转轴和对称轴穿过立方体。托马斯和汉恩（Thomas and Hann，2007）分析了柏拉图式立体的对称特征，这也是托马斯博士论文中重要的一部分，注重解决不留缝隙、不重叠地镶嵌这些三维多面体的问题（托马斯和汉恩，2008）。

　　正如之前所提到的，每个正多面体有相

同的正面和相同的顶点。在三维空间组合多边形只有五种可能性。要形成立方体的多面角至少需要三个多边形（即三维图形中的一个角）。三、四和五个正三角形围绕一个点都是可能的（图 7.2a-c）。六个正三角形的组合则构成平面（图 7.2d）。三个正方形可以形成一个立体角，但是四个正方形形成平面（图7.3a-b）。三个正五边形可以形成一个立体角，但那时在平面中会出现一个缝隙，不能再容下一个五边形（图 7.4）。三个正六边形组成

平面，形成柏拉图式镶嵌的一种基础，但是不能形成一个立体角（图 7.5）。更多边的多边形不能在顶点独自形成一个立体多面角，所以达到了限制。因此，只有三种正多边形可以自己在顶点形成立方体的多面体角：正三角形（四面体、八面体和二十面体）、正方形（六面体或正方体）和五边形（十二面体）。古希腊几何家欧几里得证明了只有五种正多面体（希思，1956，第三卷：507-508）。表 7.1 总结了五种柏拉图式立体。接下来将简要介

柏拉图式立体的特征　　　　　　　　　　　　　表 7.1

多面体	面数	每个面的边数	顶点数	每个顶点相连的棱数	棱数
四面体	4	3	4	3	6
正方体	6	4	8	3	12
八面体	8	3	6	4	12
十二面体	12	5	20	3	30
二十面体	20	3	12	5	30

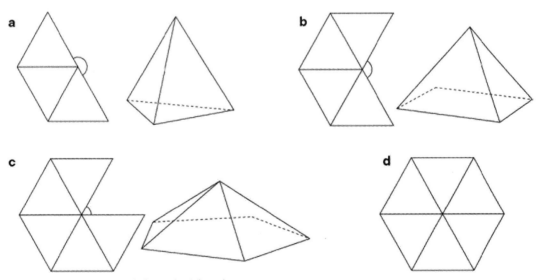

图 7.2a-d　三、四、五和六个正三角形（MV）

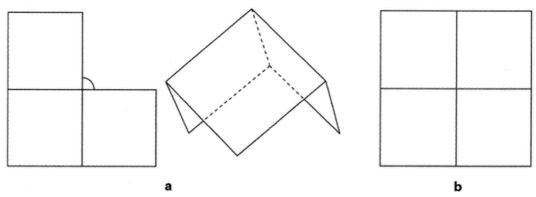

图7.3a-b 三个和四个正方形（MV）

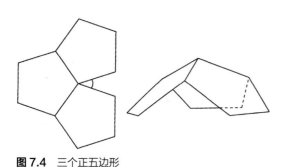

图7.4 三个正五边形

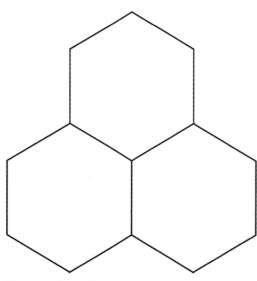

图7.5 三个正六边形

绍这五种立体。

五种正多面体中，最简单的是正四面体，有六条棱和四个正三角形面，四个顶点中每个顶点均由三个面相交形成（图7.6）。古代，正四面体与火这个元素相关。在相关文献中，有很多作品展示了各种多面体的平面展开图，其中每面连接的相邻面，就像是儿童的剪裁粘贴折叠玩具一样。米南（Meenan）和托马斯曾写过一篇有趣的论文，题目是《折叠的多面体：教室中的柏拉图式立体图形》（*Pull-up Patterned Polyhedra：Platonic Solids for the Classroom*）。图7.7显示的是正四面体的平面展开图。

八面体有12条棱和8个正三角形面，总共六个顶点，每个顶点由四个面相交而成（图7.8）。古代，八面体与气这个元素相关。图7.9展示了八面体的平面展开图。

二十面体有30条棱和20个正三角形面，每个顶点由五个面相交而成（图7.10）。二十面体在过去与水这个元素相关。图7.11展示

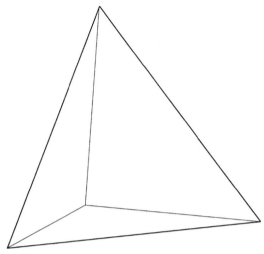

图 7.6 四面体（JSS）

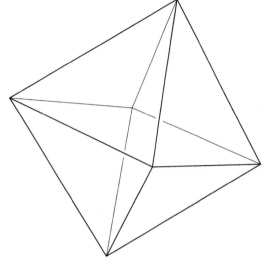

图 7.8 八面体（JSS）

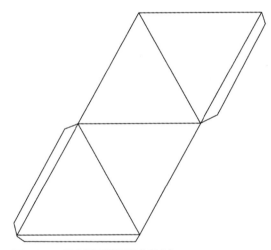

图 7.7 四面体平面展开图（JSS）

了二十面体的平面展开图。

正方体有 12 条棱和六个正方形面，总共八个顶点，每个顶点由三个面相交而成（图7.12）。古代，正方体与土这个元素相关。图7.13展示了正方体的平面展开图（总共有 11 种可能性）。

十二面体有 30 条棱和 12 个正五边形面，总共 20 个顶点，每个顶点由三个面相交而成

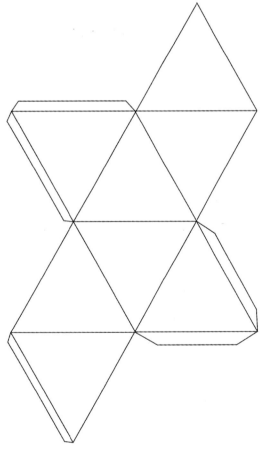

图 7.9 八面体平面展开图

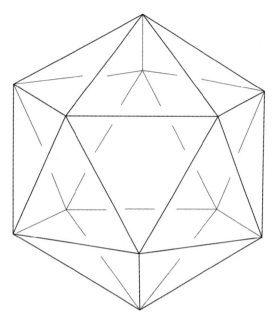

图 7.10　二十面体（MV）

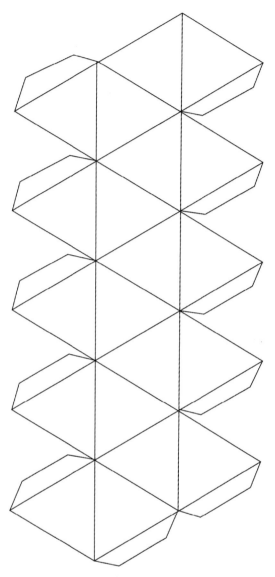

图 7.11　二十面体平面展开图（JSS）

（图 7.14）。古代，十二面体与宇宙相关。图 7.15 展示了十二面体的平面展开图。

　　柏拉图式立体的另一个重要特征就是它们之间相互联系的方式。此前提及（表 7.1 列出）正方体有六个面和八个顶点，而八面体有六个顶点和八个面。这种关系称为对偶性，可由以下论述确定。首先考虑正方体的情形。确定每面的中心点，以相邻点最短距离连接各点，这样就画出了八面体的棱，顶点是每个面的中心，正方体中就形成了八面体。类似的，在八面体中进行同样步骤，就可以形成正方体。因此，人们认为正方体和八面体是相互对偶的。此外，12 个面和 20 个顶点的十二面体与 12 个顶点和 20 个面的二十面体也具有对偶性。这样一来，柏拉图式立体中就只剩下具有四个面和四个顶点的四面体，

它与自身具有对偶性，连接每个面的中点就可以在里面形成一个倒置的四面体。

阿基米德式立体

　　柏拉图式立体构成了另一组多面体的基础。切割立体（切割立体的棱或顶点）可以

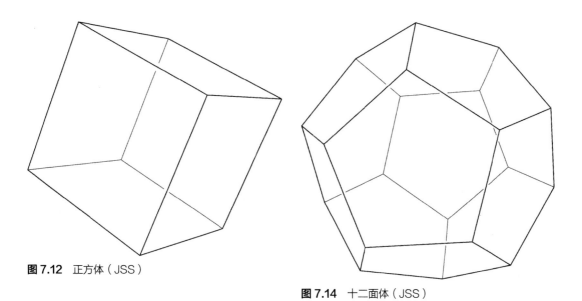

图 7.12 正方体（JSS）

图 7.14 十二面体（JSS）

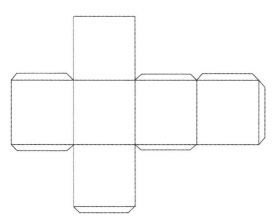

图 7.13 正方体平面展开图（JSS）

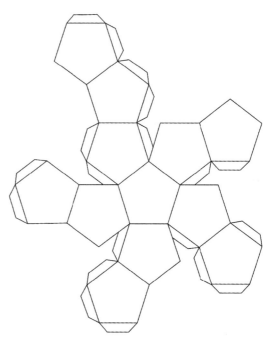

图 7.15 十二面体平面展开图（JSS）

形成 13 个多面体，这些既叫做阿基米德式立体，又叫做半正多面体。这 13 种立体包含不止一种类型的正多边形面，每个立体有特定数量和类型的多边形相交于顶点。在每种情形下，顶点都是相同的，柏拉图式立体也是如此。13 种多面体中的每个都可以完美融入一个球体。其中六种阿基米德式立体是从正方体和八面体得到的，还有 6 种是来自二十面体和十二面体。第 13 种是由四面体切成（卡普莱夫，1991：329）。图 7.16 识别并解释了这 13 种多面体。另一个过程是星状增添，这是指在五种柏拉图式立体的每种的表面上增加结构（例如金字塔特征），使这些立体具有星状特征。霍尔登（Holden，1991）回顾了

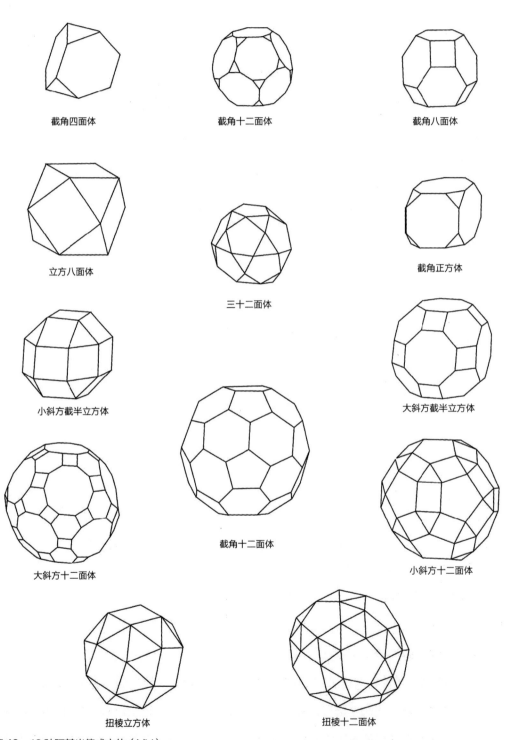

截角四面体   截角十二面体   截角八面体

立方八面体   三十二面体   截角正方体

小斜方截半立方体   大斜方截半立方体

大斜方十二面体   截角十二面体   小斜方十二面体

扭棱立方体   扭棱十二面体

图 7.16　13 种阿基米德式立体（MV）

很多种类的三维物体，并且展示了通过切割和星状增添可以形成的可能形态。

放射虫、足球和超分子

放射虫是微小的海洋生物（称为浮游原生生物），广泛分布于全球的海洋中。这些生物的骨架具有丰富多样的形态。恩斯特·海克尔（Ernst Haeckel，1834 ~ 1919）在《自然的艺术形式》（*Kunstformen der Natur*，1904）一书中包含了大量关于放射虫和其他海洋生物的雕版插画。这本书极大地影响了 20 世纪早期的艺术、设计和建筑。特别值得注意的是，其中一些插画［以海克尔的素描为脚本，由雕版家阿道夫·基尔特（Adolf Giltsch）制作雕版］展示了与之前提及的一些多面体极其类似的结构。

其中一个特殊的多面体是截角二十面

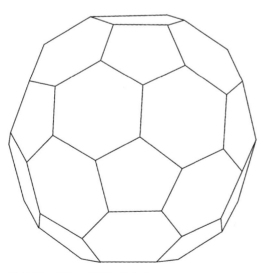

图 7.17　截角二十面体（MV）

体（表 7.2 列出的阿基米德式立体之一）值得注意，因为它有多种外观（图 7.17）。这种多面体有 12 个正五边形面和 20 个正六边形面，有 60 个顶点和 90 条棱。每个顶点是由两个六边形面和一个五边形面相交而成。这种结构辨识度高，在 20 世纪晚期常常被用作足球的外观设计。有趣的是，达·芬奇在 15 世纪时向卢卡·帕乔利（Luca Pacioli）阐释了截角二十面体（此前提及过，下一节也会涉及）。这种结构也存在于一种特殊的分子形态中，叫做 C60 巴克明斯特富勒烯［Buckminsterfullerene，简称巴克球（Buckyball）］。这种分子以著名的工程师和建筑师巴克敏斯特·富勒（R. Buckminster Fuller）命名，因为它与多种穹状构造（网格圆顶或球体）具有极高的相似度，而富勒设计了这些穹状构造。

艺术和设计中的多面体

人们在苏格兰发现了大量体现五种正多面体对称性（或者深层次的几何）的雕刻石头，它们可能有 4000 多年的历史。这些陈列在牛津的阿什莫尔博物馆（Ashmolean Museum）展览中。很多世纪以来，多面体与艺术和设计相联系。欧洲文艺复兴时期达到了高峰。著名文艺复兴艺术家皮耶罗·德拉·弗朗西斯卡（Piero della Francesca，1415 ~ 1492）是一位具有极大成就的几何家，撰写了一些

阿基米德式立体（或半正多面体）　　表 7.2

多面体	面数（F）	顶点数（V）	棱数（E）	包含的正多边形数（CP）	顶点布局（VA）
截角四面体	8	12	18	4x 三边形 4x 六边形	3.6.6
截角十二面体	32	60	90	20x 三边形 12x 十边形	3.10.10
截角八面体	14	24	36	6x 四边形 8x 八边形	4.6.6
立方八面体	14	12	24	8x 三边形 6x 四边形	3.4.3.4
三十二面体	32	30	60	20x 三边形 12x 五边形	3.5.3.5
截角正方体	14	24	36	8x 三边形 6x 八边形	3.8.8
小斜方截半立方体	26	24	48	8x 三边形 18x 四边形	3.4.4.4
大斜方截半立方体	26	48	72	2x 四边形 8x 六边形 6x 八边形	4.6.8
大斜方十二面体	62	120	180	30x 四边形 20x 六边形 12x 十边形	4.6.10
截角十二面体	32	60	90	12x 五边形 20x 六边形	5.6.6
小斜方十二面体	62	60	120	20x 三边形 30x 四边形 12x 五边形	3.4.5.4
扭棱立方体	38	24	60	32x 三边形 6x 四边形	3.3.3.3.4
扭棱十二面体	92	60	150	80x 三边形 12x 五边形	3.3.3.3.5

注：F= 面；V= 顶点；E= 棱；CP= 构成正多边形；VA= 顶点联系

来源：数据取自 A. 霍尔登（1991：46）和 B.G. 托马斯（2012）

关于几何学（包括正立体）的著作，之后还发展了线性视角。这些作品都影响了之后的数学家和艺术家，包括达·芬奇。瓦萨里（Vasari）在他的著作《画家的生活》（*Lives of the Painters*）中评论道，耶罗·德拉·弗朗西斯卡的"几何著作和视角在他的时代里卓越超群"[引自西里（Seely），1957：107]。

为了纪念保罗·乌切洛（Paolo Uccello，1397 ~ 1475），威尼斯圣马可教堂大理石地板镶嵌了一个小的星状十二面体。卢卡·帕乔利（1445 ~ 1517）的著作《神圣比例》（*De Divina Proportione*）主要涉及数学和美术比例。达·芬奇（1452 ~ 1519）显然跟帕乔利学习了很多节数学课，从线性视角阐释了多面体的构架（透视图，只关注棱和顶点）。这意味着观察者可以更全面地了解这些立体的三维特征，而不是简简单单地从截面或平面展开图中想象它们的本质特征。弗拉·乔万尼·达·维罗纳（Fra Giovanni da Verona）在 1520 年左右创作了一系列描绘多面体的细木镶嵌工艺品。

阿尔布雷特·丢勒（Albrecht Dürer，1471 ~ 1528）是德国画家，他很可能是受了卢卡·帕乔利和皮耶罗·德拉·弗朗西斯卡的影响，他的著作《量度四书》（*Underweysung der Messung*）为多面体的学术发展做出了巨大的贡献（丢勒 1525），不仅涉及了柏拉图式立体还涉及了其他话题诸如建筑中的镶嵌、线性视角和几何学。尽管丢勒书中有几处错误，但他似乎是第一个引入平面展开图和多面体展开概念的人，原则上类似现代展开图。丢勒著名的雕刻品《忧郁》（*Melancho- liaI*，1514）勾勒的图画中，多面体扮演着重要的角色。

M.C. 埃舍尔（1898 ~ 1972）是一位著名的荷兰画家，他对多面体极其感兴趣，而且他的一部分作品中描绘了柏拉图式立体和

相关的星形体（每面增添小金字塔的星形多面体）。萨尔瓦多·达利（Salvador Dali）的画《最后的晚餐》（*The Sacrament of the Last Supper*，1955）中，耶稣和 12 个门徒置于一个巨型的十二面体中（柏拉图式立体之一）。

圆顶

圆顶是一种古代的建筑结构，它的形状就是一个空心球的上半部分。圆顶简单来说就是拱形围绕纵轴旋转而成，它具有强大的结构支撑，可以涵盖大范围空间而不需要其他内部支撑。技术先进的圆顶结构出现于 2000 年前，历经罗马时代（比如万神殿）、萨珊王朝时代（从 3 世纪到 8 世纪的波斯）、拜占庭时代以及之后 16 世纪到 18 世纪的土耳其帝国、萨法维帝国和莫卧尔帝国。然而，更早的间接证据——来自宁录（Nimrod）的亚述基线浮雕（公元前 7 世纪）似乎勾勒了圆顶结构。很多俄式东正教教堂、罗马的圣彼得教堂、伦敦的圣保罗教堂和阿格拉的泰姬陵也都运用了圆顶结构。

圆顶结构很有可能是从球体（或相关的结构）和将其细分得到的多边形面演变而来。鉴于三角形结构与其他多边形相比稳固性最强，三角形面在圆顶结构中最为常见。拥有 20 个等边三角形面的二十面体（20 是凸圆多面体正三角形数量的极限）通常是球体细分的基础，也因此是相关的圆顶结构的基础。

图 7.18　伊甸园项目 展现生
物群区 照片由杰里米·哈克
尼（Jeremy Hackney）提供

图 7.19　贝尔法斯特维多利
亚区的外景 照片由 BDP 提供

在结构层面，圆顶包含以下几种。洋葱形圆顶是球根状的，在顶点形成锥状。它的直径通常大于它底下的塔（或其他结构），高度超过宽度。伞状圆顶从顶部到环绕底部形成径向辐条。碟形圆顶则比较矮。托臂圆顶由一层层石块或石板沿圆周叠砌而成，直到砌到顶尖处封死。

在现代，建筑师巴克敏斯特·富勒引入了"大地线"（geodesic）这个术语。他研究基于球体表面圆形网络的结构进行了大量实验，这些结构交错形成三角形区域（整体形状类似二十面体），从而分散整体结构的压力。全球有很多应用大地线圆顶结构的例子。20 世纪起最著名的恐怕要数人工气候室

图 7.20　贝尔法斯特 维多利亚区圆顶的内景 照片由 BDP 提供

图 7.21　贝尔法斯特 维多利亚区圆顶仰视图 我们可以看到清洁展览的内部和外部。内部架台由纺织遮阳支撑结构构成，从而控制光线的射入，防止上层观景馆过热。照片由 BDP 提供

（Climatron，一座温室，1960 年建于密苏里的植物园）和 1967 年蒙特利尔世界博览会的美国馆。伊甸园项目［康沃尔（Cornwall），英国］有两个毗连的圆顶结构，里面培育着来自全球热带地区和地中海地区的植物。巨型的圆顶（生物群区）包含上百种六边形和五边形膨胀型塑料（热塑性四氟乙烯共聚物塑料）的缓冲型单元格，由钢管框架支撑（图 7.18）。20 世纪晚期和 21 世纪早期，圆顶结构在全球很多城市的建筑发展中扮演重要的角色。贝尔法斯特的维多利亚区是一个有趣的例子（图 7.19 ～图 7.21）。

本章小结

本章介绍了两类叫做多面体的三维物体，每类都包含正多边形面。柏拉图式（或正）立体有五种类型，每种都只包含一种正多边形面：其中三种类型是正三角形，另两种是正方形和正五边形。阿基米德式（或半正）立体有 13 种类型，每种立体的顶点由特定数量和类型的多种正多边形面相交而成。本章简要论述了多面体在艺术、设计和建筑以及其他领域中的运用。

第8章

三维空间内的结构和形式

引言

二维世界，包括长度和宽度，在很大程度上是一个虚构的（或表现性的）世界。它承载着包括几何图形、具体图形或其他类型图画或文字在内的图像，以及包括三维场景或对象在内的各种形式的表面装饰、电视转播画面、相片或计算机屏幕图像。

现实世界是一个由长度、宽度和深度组成的三维世界。在这个三维世界内，理解对象需要的不只是一个视图，因为从不同的距离或角度并且在不同的照明条件下观察这些对象，它们会发生改变。如果从远处观察，球体、平放的圆柱体或圆锥体会呈圆盘形，你只有在近距离观察时才能看到它们的真实形状。因此理解三维现实需要整理校对来自不同角度和距离的视觉信息。翁（Wong）指出，在三维空间工作的设计师"应该能够想象出物体的整个形状，并将其进行各方位旋转，如同该物体在手中一样"（1977：6-7）。王做出评论后的 30 年内，计算技术的发展为这种可视化提供了巨大的帮助。到 21 世纪初，大多数设计师都能接触到计算软件，因而他们可以从任何选定的角度在屏幕上查看设计的对象，就像对象位于三维空间中一样。此外，快速成型技术为创建便携式观察的实物模型提供了便利。

对三维设计师而言，了解第 7 章中所介绍的各种多面体的几何特征显然十分重要。然而，有一些其他类型的形式，过去在三维设计开发中也发挥了重要作用。这其中就包括棱柱、圆柱、锥体和金字塔及其众多衍生形式。本章将简要介绍上述形式。本章内容还将涉及各种形式如何经历变形，这将牵扯到扭曲、切割和重新组装、添加和删减等过程。除了先前给出的基于动态矩形的各种二维网格或晶格图案之外（在第 3 章中），本章还介绍了基于类似比例的一系列三维网格。

三维形式的要素

如翁所言，"三维设计与二维设计相似，也旨在建立视觉和谐和视觉秩序，或者创造有目的的视觉刺激，只不过它涉及的是三维世界"（1977：6）。与二维设计一样，设计师在进行三维设计时需要将各种元素汇集在一起。点、线、形状、平面、颜色、纹理、形式和体积都很重要。由此可见，对于所有设计者而言，了解之前（尤其是在第 2 章）考虑到的设计的各种基本要素是十分重要的，其中涉及各种三维设计的学科（例如：产品、时尚、工业和建筑设计）。此外，与三维情境中的结构和形式相关的几个基本问题不应被忽略，下面我们将简要探讨一下这些问题。

翁认为形状是"一个设计的外在和其类型的主要辨别特征。通过多个二维形状，一个三维形状可以在平面上得到呈现"（1977：10-11）。当大多数三维物体在空间中旋转时，在不同的旋转阶段可以看到不同的形状。形状只是形式的一个方面。形式是设计的总体外观，同时包括了尺寸、颜色和质地。

结构是"在形状、颜色和质地相互作用下的框架"（翁，1977：14）。形式的外观可能是复杂的，但是其结构可能相对简单。体积与三维对象相关，正如面积与二维平面上的对象相关一样。

翁指出了三个主要方向，或者也可以叫做对三维设计者比较重要的三个维度，即长度、宽度和深度，这也就需要我们在垂直（上和下）、水平（左和右）和横向（前和后）方向上进行测量（1977：7）。例如，选择假想的矩形棱柱，这三个维度可以由三个相交的杆（图 8.1a）或三个相交的平面（图 8.1b）来表示。复制并使这些平面连续滑动可以形成矩形棱柱，其中垂直方向由立方体的前面板和后面板（或面）表示，水平方向由顶部和底部面板表示，横向方向由左右面表示（图 8.1c）。

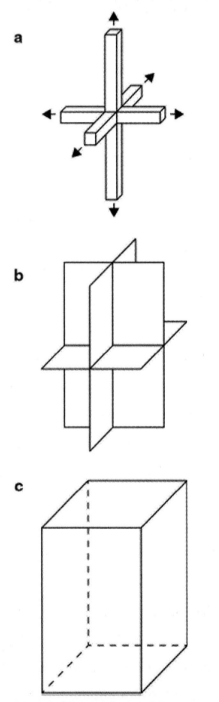

图 8.1a–c 三个"主要方向"；三个相交平面；通过复制三个平面形成的棱柱（JC，选自翁，1977：7）

翁还指出，在三维构造中，他称之为"相关要素"的位置、方向（或方位）空间和重力对设计师来说非常重要（1977：12）。这些要素构成了结构要素，而结构要素反过来又决定了设计的形式。在一个棱柱内，一个点的位置可以通过参考它到三对平面的距离来判断（图 8.2a-b）。因此，位置是对象相对于其周围环境的位置。可以参考棱柱内一条线相对于棱柱某个面的角度来考虑该线的方位或方向（图 8.2c-d）。如果考虑诸如模具的实心物体，可以认为与该设计相关的空间是已

被占据的，或者是如果物体的每个面由细线或吸管构成，则可认为该空间是空心。如翁所言，重力对物体的稳定性有影响，所有三维物体的行为都受重力定律的影响（1977：12）。一种形式的材料内容将决定其重量。铅很重，羽毛很轻。例如，如果没有支撑，一个立方体将从空中下落；因此需要支撑或固定。如果把立方体的一个表面放在坚固的平面上，立方体是稳定的，但是，当试图将立方体放置在其一个顶点上时，重力作用使它倾倒。形式和重量，以及重力的吸引，是稳定性的决定因素。

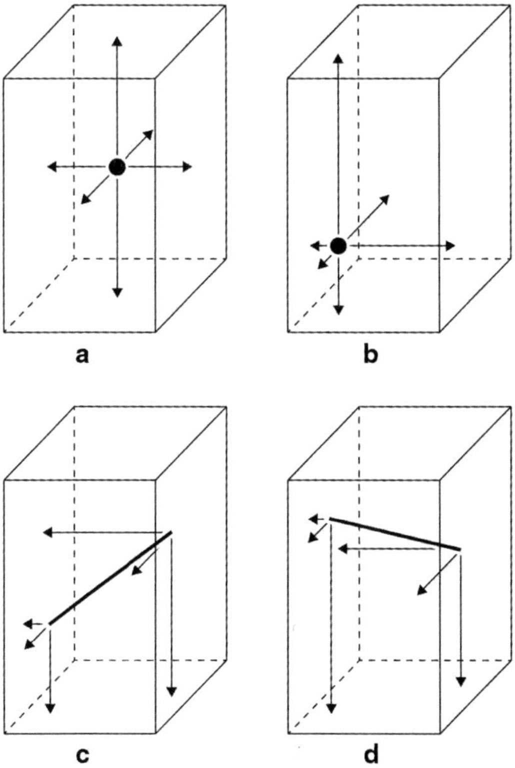

三维形式的表现

设计者还需要在视觉上展现他们的设计，以便他人（通常是客户或制造商）评估设计是否适合预期的最终用途，以及是否便于制造或建造。二维平面（例如，计算机屏幕或纸张）绘图就可以帮助达到这个目的。钦（Ching，1998：2）认为，不同的图纸是引导设计理念从概念到完全解析的构造对象的共同媒介。因此，在整个设计过程中，绘图可以体现设计开发直到变成实物的整个过程，还能帮助将最终设计传达给客户或制造商。不同的设计学科（例如产品或工业设计、建筑设计、时尚或纺织设计）有不同的要求，因而我们需要不同的方法。在每种情况下，其意图都是传达视觉效果、技术和生产信息，

图 8.2a-d 一个点的位置可以通过参考它到棱柱的三对平面的距离来判断（a 和 b）。一条线的方位可以通过参考它在棱柱内的方向（或相对于面的角度）来判断（c 和 d）（JC，选自翁，1977：12）

以确保满足客户、制造商和市场的需求。因此，我们需要明确的视觉信息，这是技术设计绘图和与艺术有关的表达性或创造性绘画之间的关键区别。

我们可以通过使用多个系统中的其中一个来绘制图纸，根据综合效果以及投影方法来分类。钦（1998）在其专著《设计图》（*Design Drawing*）中详细讨论了这些系统。虽然该著作主要针对职业建筑师和建筑系学生（但并不完全），该出版物对在所有学科的设计师都具有巨大的价值。

利用常规的绘制方法，我们可以通过不同的方法将三维形式投影到二维表面（例如纸张）上。要记住的一个重点是，对于所有手动绘图系统而言，通过这种方法投影会丢失某些视觉信息。然而，到了 20 世纪的前十年，由于计算机辅助设计技术的巨大进步，这种弱点在相当大的程度上减弱了，因为各种软件可以帮助人们在屏幕上 360° 观察三维对象。专注于各种设计学科的具体绘图需求的专业出版物（图书）也已出版。

多视图绘图是表现三维设计最简单和最常见的方法。三维设计可以通过使用一系列平面视图来表现。为了做到这一点，比较方便的做法是设计者可以想象他们的设计被放置在立方体内并且呈现一系列方向视图，就好像在立方体内一样。主要视图是俯视图、正视图和侧视图。简单的俯视图、正视图和侧视图如图 8.3 所示。当然我们还有其他不

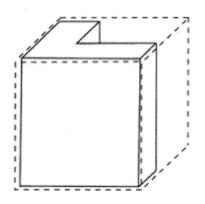

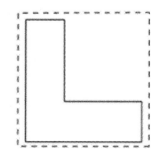

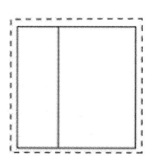

图 8.3 立方体内三维图形的视图（MV）

同的方案。例如，通过考虑立方体的每个面，可以简单地得到总共六个视图：顶部平面图（如同从上方往下看）；底部平面视图（如同从下面往上看）；右侧视图；左侧视图；正视图；后视图。多视图展现了对象的外表面。补充或剖面视图（如同对象被切成片状）也有用处（翁，1977：16）。

　　由木材、纸板或其他材料制成的三维比例模型是表现设计师意图的另一种方法。沃尔诺克（Wolchonok，1959）以及翁（1977）给出了重要的指导方法。到 21 世纪前十年，如前所述，计算技术的显著进步使得三维设计能够真实地多角度展现在屏幕上，因此对三维比例模型的需求急剧下降。此外，快速原型技术使人们可以用大量的材料构建精确的比例模型。在 21 世纪前十年早期，在不需要机器改装和长时间生产的情况下，小规模的计算机辅助制造系统可用于制造精确的、功能性的三维设计复制品。

立方体、棱柱和圆柱

　　当考虑三维形式的基本结构时，值得将注意力短暂地转移到立方体的几何结构上（第 7 章中讲解的正多面体之一）。这种形式对于所有从事三维设计的设计师来说确实非常重要。如前面章节所述，立方体是唯一能够填满空间而没有间隙的正多面体。很大程度上因其各个维度上的尺寸相同，立方体在平面

上能够保持稳定。然而，应该注意的是，立方体的比强不能与三角形系统相比［皮尔斯（Pearce），1990：xvii］。当然，我们可以从立方体切割出其他结构。例如，可以切割出六个相同的正方形棱锥体，并且如果将它们分别接到另一个立方体（同第一个立方体尺寸相同）的六个面上，可以得到一个菱形十二面体。因此，立方体可以作为创造其他三维

图 8.4　常规棱柱（最上层）和一系列变体（JC，选自翁，1977：39）

形式的基础。

棱柱是能够切出不同横截面的柱状形式，其横截面包括正方形、三角形或其他多边形形状。它的端部可以是平滑的、弯曲的、金字塔形或不规则形状。边缘可以垂直于或不垂直于端部，或者可以彼此平行或者不平行，并且端部可以是正方形、三角形、六边形或金字塔形等形状（如图 8.4 所示）。沃尔诺克将"棱柱面"定义为"一组改变方向的连续平面"（1959：4）。

大多数三维物体可以被认为是包围在矩形棱柱或一些其他标准三维形式内，并且通过移除或减去棱柱的部分可以得到所设计的物体形式。如沃尔诺克所言，在通常的实践中，三维物体的设计包括"加法过程"以及部分的减法（1959：15）。也就是说，有组成部分被添加到棱柱上（或其他标准三维形式），并且也有部分被移走。当然，设计师所面临的挑战远远大于简单地选择一个立体形状，切掉某些部分和添加其他部分。沃尔诺克评论道："设计师的问题不仅仅是增加或减少，而是制作出一个完整的物体，它的部分突出了整体，就整体而言，它是相关部件的和谐整合的结果"（1959：15-16）。

我们通常认为棱柱是实心形式，尽管王展示了一系列空心棱柱，以及如何用不同方式来调整这些棱镜（主要是通过切割）来制造三维设计者可能感兴趣的各种形式（1977：40-42）。

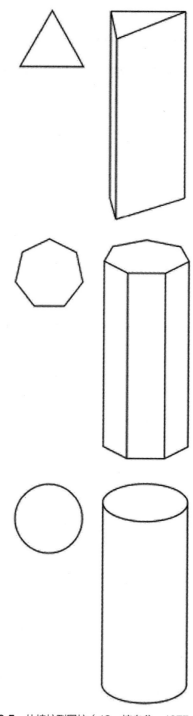

图 8.5 从棱柱到圆柱（JC，摘自翁，1977：44）

棱柱可以切割成更小的单位或部分。沃尔诺克通过一系列说明性材料展示了以各种方式细分和切割的棱柱（1959：32-33）。对设计者来说，潜在的兴趣和价值在于将棱柱切割成部分并将其重新排列成体积等于原始棱柱体积的形式。棱柱可以被切割成组成部分，但最好是参考本书中概述的一个或多个比例系统，并且将这些部分重新布置为其他替代形式。此外，设计者可以考虑从表面由动态矩形或黄金矩形组成的简单矩形棱柱着手，

这也是非常有意义的。

假设一个棱柱由一组形状和尺寸相同的平面构成，则最少需要三个这样的平面，这将构成一个具有三角形顶部、底部和横截面的（中空）棱柱。随着平面（或面）的数量增加，使用正方形、五边形、六边形和更高阶的正多边形，可以得到更多形状的横截面。最终，通过无限增加面的数量，可以形成圆形横截面，并且得到称为圆柱体的另一种形式（图8.5）。翁说："圆柱体是由一个连续的平面组

图 8.6　常规圆柱（AH）　　　　　　　　　图 8.7　圆柱变体（JC，选自翁，1977：45）

成的，没有开始或结束，圆柱体的顶部或底部呈圆形（1977：44）。通常，圆柱体的横截面和端部是相等尺寸的平行圆（图 8.6），但是，如翁所示（1977，45），这其中可能存在偏差。图 8.7 给出了变体示例。

圆柱体是最常见的曲线几何形状之一，传统观点认为是一条线（悬挂在三维空间中）围绕直线轴做圆周运动，运动的这条线上的每个点都形成一个圆。或者，可以通过围绕其中一个侧边旋转矩形（再次悬挂在三维空间中）来产生相同类别的立体（钦，1996：42）。如果圆柱体的曲面接触平面放置，它能够在平面上保持稳定。

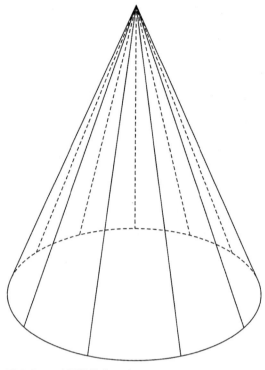

图 8.8　一个圆锥体（AH）

圆锥体和棱锥体

圆锥（图 8.8）可以看成由一条直线一端固定在一个点（顶点），另一端作圆周（或相关的曲线如椭圆形状）运动形成的图形。或者，也可以看作是空间中一个直角三角形的一条直角边作轴，另一条直角边绕轴旋转得到的图形。当圆锥体的圆形底部接触平面放置时，圆锥体保持稳定。

棱锥体是具有多边形底部和在公共点（通常称为顶点）相交的三角形侧面的立体。棱锥的任何一面（无论是多边形底部或是三角形侧面）接触平面放置，其自身都可保持稳定。我们前面提到，五种柏拉图立体中的三种都是用三角形平面构造的：四面体、八面体

和二十面体。三角形平面也用在各种多面体的棱锥形突起中。如第 7 章所述，由于三角形平面具有特别的比强优势，"圆顶"在三维设计、特别是圆顶型建筑中已经占有相当重要的地位。皮尔斯比较了立方体和三角形构造的结构特性，认为"毫无疑问，立方形的几何体是极其重要和恰当的……然而，它具有严重的模块化限制……作为结构框架，与三角系统相比，它的比强特性较差"（1990：xvii）。

三维点阵

在第 5 章中我们已经看到，五个二维框

架或点阵结构，加上附带的单元格可作为二维全图的十七对称类的基础。三维点阵结构也可能是这样的，并且这已经被晶体学家用作在微观水平上观察三维形式结构的手段。皮尔斯（1990）在论文《自然结构乃设计策略》中介绍了这些及相关概念，并且展示了它们在新三维建筑结构的发展中的用处。此后，我们将在此相继给出基于立方体和多种动态矩形的单元格的各种三维点阵结构。我们应当记住的是，点阵结构作为实体形式的集合实际上是不存在的，它只是与虚拟单元

格集合的顶点相关联的一系列虚拟点。在三维结构设计中，这些虚拟点可以作为组成部分和结构上的指导。鲁尼（Rooney）和霍尔罗伊德（Holroyd，1994）对三维点阵和多面体作过简洁的介绍。

顾名思义，立方点阵具有立方单元格，每个单元格由六个大小相等的正方形面组成。八个单元格顶点在点阵中的每个点相交（图8.9）。我们可以使用由黄金矩形（比率为1∶1.618）和根号矩形［汉比奇（Hambidge，1967）称为动态矩形］组成的单位单元组成

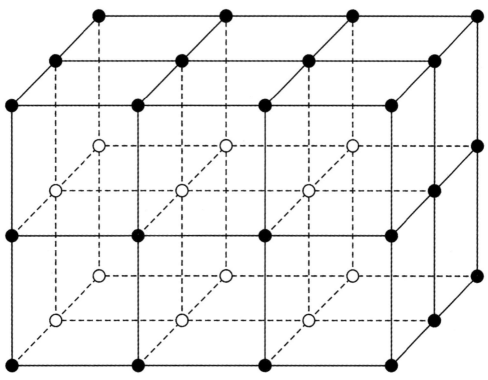

图 8.9　正方点阵（AH）

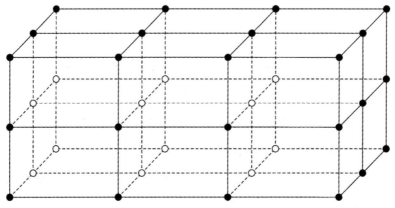

图8.10 1∶1.618 点阵（AH）

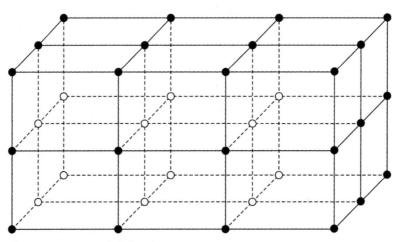

图8.11 1∶1.4142 点阵（AH）

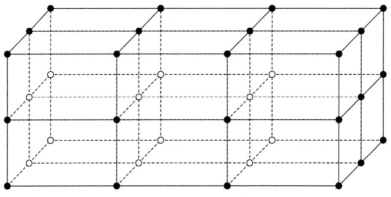

图8.12 1∶1.732 点阵（AH）

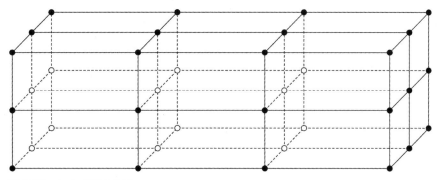

图 8.13 1：2 点阵（AH）

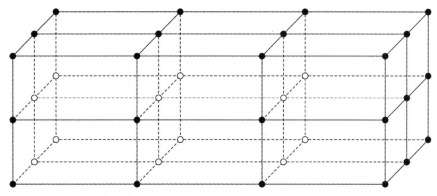

图 8.14 1：2.236 点阵（AH）

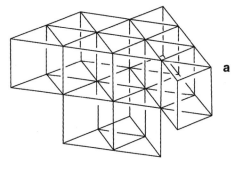

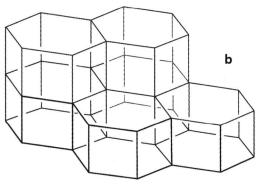

图 8.15a-b 三角和六角三维结构（MV）

更多的点阵。前面提到，这些点阵具有以下比例：1：1.4142（根二矩形的比率）；1：1.732（根三矩形的比率）；1：2（根四矩形的比率）；1：2.236（根五矩形的比率）。图 8.10 ~ 图 8.14 给出了上述每一种点阵的图示。

我们可以组成一个由三角形棱柱单元格组成的三角晶格结构，每个单元格有两个平行的三角形底面和三个正方形侧面（图 8.15a）。12 个单元格顶点在每个格点处相交。同理，我们可以组成由六边形棱柱单位组成的六角晶格结构，每个单位有平行的六边形基底和六个正方形侧面，所有的边长度相等（图 8.15b）。六个单元格的顶点在每个网格点相交。

书中给出的每个三维点阵或点阵结构都提供了三维设计中排列成分时的指南或框架。除此之外，还有很多其他的可能，我们鼓励读者进行探索实验。

转换

本书中介绍的所有实体造型都可以通过一系列技术进行转换，包括变形、切割和重新组装、增添和删减。接下来我们对每种转换都稍作解释。

三维构造的变形是通过在一个或多个维度上延长和／或缩短来实现的。例如，球体可以通过沿着直径伸长得到各种椭圆形式。立方体可以通过沿着轴线（例如两个相对顶点之间的对角线）拉伸和延伸进行变形，得到不同的菱形形状，或通过延伸或缩短其长、宽、高将其转换成一系列棱柱型物体。简单的矩形棱柱、圆柱体、圆锥体和棱锥体可以通过多种方式变形，包括压缩、延长、拉出和推入，以及改变底部或横截面的尺寸或形状。

翁 在《三 维 设 计 原 则》（*Principles of Three-Dimensional Design*，1977：14-15） 中介绍了切割和重新组装的过程。他先介绍了立方体，随后展示了如何通过在纵向（或宽度或深度方向）切割平行横截面得到一系列尺寸和形状相同的切片，每个都具有矩形边缘。或者是我们可以通过对角切割，切出带

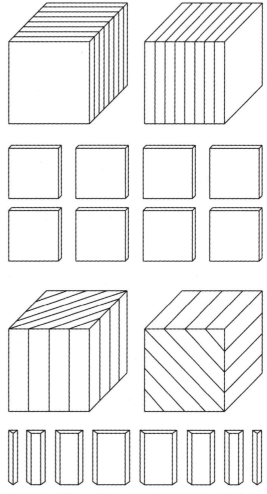

图 8.16 从纵向、横向和对角线方向切割立方体（JC，选自翁，1977：16）

有斜边的各种形状的切片（1977：16）。图 8.16 给出了图示。紧接着，翁讨论了纵切立方体组成切片的位置和方向，并且展示了如何通过旋转、卷曲、弯曲或进一步切割来调整切片，从而在重新布置之后，得到不同的三维形式。翁展示了这种切割和调整立方体和其他三维形式组件的过程如何激发三维设计师创造各种小型模型的兴趣。前面已经提及，21 世纪初，使用当时可用的商业计算机技术就能轻而易

图 8.17　通过切割和组合部件对一个棱柱进行变形（JC，选自沃尔诺克，1959：33）

举地创造屏幕模型的数字版本。

　　常规形式的增添或删减变换为设计开发提供了更多的选择。顾名思义，添加转换包括为已有的形式添加一个或多个组成部分，而删减转换包括去除某些部分。例如，图 8.17

给出了一个被切割成各种相关部件（图中第一行所示）的棱柱，并把这些部件进行组装，形成了一组其他的形式。

　　在变形后，相关形式可以"仍然保留其作为一种形式家族的成员身份"（钦，1996：

48）。显然，如果变动太大，原始形式的特性可能丢失。因此，如果切割和重新布置尺寸变形、删减或增添转换的那部分尺寸与待变形形状的尺寸相比较小（即小于 50%），则原始形状的视觉完整性得以保持。例如，对于立方体，可对其尺寸（长度、宽度或深度）进行相对较小的调整，从其面或顶点切割小部分（例如较小的正方形），以及添加其他形式（例如小半球体、棱锥体或圆锥体），这样原始的立方体形式依然可辨。

需要强调的一点是，所有转换都不应该是由猜测得来的；恰恰相反，它们应该基于对本书各章中提到的比例系统所进行的思考。这种思考将确保设计的各个部分之间以及部分和整体之间的视觉秩序和一致的视觉关系。

本章小结

本书在很大程度上把重点放在了一系列基本的设计概念和原则上，这些在假想的二维世界中最方便描述、观察和理解。然而，重要的是我们要意识到，当考虑到实际生产时，大量的设计实体是存在于真实的三维世界中的。设计师总是在二维平面（屏幕或纸张）上进行设计。当涉及二维说明或平面设计（例如壁纸、铺砌和许多纺织品）时，来自一个方向的视图足以理解所期望的本质。因此，仅凭纸张或屏幕上的图片也不难设想预期的成品。而当打算设计三维对象时，可视化更加复杂，并且可能需要不同的视图以便旁观者（或客户）去理解设计者的意图。21 世纪初计算机技术的发展已经极大地推动了这种更复杂的可视化的传播。

了解结构和形式对所有设计师来说都很重要。除了从不同的美学层面进行考虑，三维设计者通常需要考虑预期最终产品的实际性能。一方面，这些考虑要涉及所使用的原材料或制造过程的其他方面，但另一方面，它也可以与结构和形式紧密相关。在自然界，显然性能主要是由结构和形式控制的。在设计和制造行业也是如此。可能的情况是，在设计中起装饰作用的潜在结构点也有着实际作用。因此，前面章节中提出的概念显然对与三维结构有关的设计者大有价值。

本章介绍了多种三维几何图形（包括棱柱、圆柱、圆锥和棱锥）。值得一提的是，这些图形偶尔也会作为三维设计形式的基础。本章还展示了一系列点阵结构（其尺寸基于黄金矩形和根号矩形的比率）。本章也涉及了各种形式如何通过变形、切割、重新组装、添加和删减等进行转换。

第9章

在主题方面的变化：模块化、最密堆积和分割

引言

本章主要介绍"模块化"这一概念并讨论这一理念在众多领域中的适用性，包括自然、设计和建筑领域。其次，我们将探讨"模块化"和"最密堆积"及"分割"这两个概念之间的关系，以及阐述由此而生的一个理论——小的组成部分可能与其他的部分产生相互作用从而产生意想不到的结果，在这个过程中整体的作用将大于各个部分的总和。

模块化的本质

模块化设计将设计过程细分为更小的可处理的阶段，每个阶段侧重于预期对象或构造的单个模块或组件部分的设计。单个模块是独立生产的，是自包含的独立单元，可以加入到更大的设计方案中去。利普森、波拉克特和苏（Lipson, Pollack and Suh, 2002）写了一篇关于生物进化的模块化的有趣的文章，并谈到了可能适用于工程设计的方法。各种研究出版物也报道了模块化系统在一系列工业部门中的使用：库苏马诺（Cusumano, 1991）、

波斯特（Post, 1997）、梅尔和赛里格（Meyer and Seliger, 1998）测试了软件的开发；鲍尔温（Baldwin）和克拉克（Baldwin and Clark, 1997）考虑到了计算机制造中的模块化；桑德森和乌兹涅利（Sanderson and Uzuneri, 1997）则重点研究了消费电子产品的模块化；库苏马诺和诺贝欧卡（Cusumano and Nobeoka, 1998）则关注于汽车制造中的模块化；沃伦、摩尔和卡多纳（Worren, Moore and Cardona, 2002）则研究了美国和英国家用电器行业模块化和产品性能的战略方面。

在《自然结构乃设计策略》中，皮尔斯用"最少类型 - 最大多样性"（1990：12）这一短语来概括模块化的概念，这一概念适用于具有几个可以组合的组件，并以各种方式产生多种形式的设计系统。模块化是指设计中的一组部件可以通过部件的混合和匹配而被分离和重组的程度。换句话说，我们可以从几个基本元素（或模块）创造出大量可能的结构（或解决方案）。模块化的另一个特征是可以添加和减去组件。该概念仅适用于在广泛的背景下小程度的变化，我们可以在自然和人为环境中观察到这类现象。在自然界中，模块化可以指代通过

添加标准化单元来扩增细胞生物，如蜂窝的六边形单元的情况。模块化为装饰艺术和设计的创新提供了巨大的发展潜力，并且在产品设计、表面图案设计、建筑、室内设计和家具设计以及工程设计方面都很常见。20 世纪几个著名的建筑师，包括弗兰克·劳埃德·赖特、勒·柯布西耶和巴克敏斯特·富勒（工程师兼建筑师）都是模块化积极的提倡者。通过模块化方法我们可以实现灵活性和易用性。模块化并不是将系统看作是未连接零件、物件或部件（例如在工业设计、开关、电线、滚子、嵌齿轮、电路和电缆中）的集合，而是旨在集合可以安排或重新排列速度和效率的相互关联功能性部件或模块，如儿童积木。事实上，世界上许多地方的儿童使用的乐高积木就是关于这个概念的一个强有力的例子。

　　模块化可以使本来复杂的安排变得可管理，可以节能，并且总是具有高成本效益。然而，这并不是没有成本的，因为把一个复杂的设计问题模块化可能是一个漫长的过程。现代的模块化系统的实例可以在城市、家庭和工作环境（例如建筑物、厨房和办公室）中找到。过去几十年，在织机、铁路信号设备、电气电源分配系统和电话交换机中就可以找到这样的例子了。设计中的模块化通常结合了标准化的优点（特别是大批量和由此产生的低制造成本）以及与定制相关的优点（使每个消费者相信她 / 他正在接受独特的东西），这尤其是出现在 20 世纪末和 21 世纪早期的计算和通信技术的创新之后，因为这使得制造商能够对消费者需求的变化做出非常快的反应，并且在某些情况下允许消费者决定使用产品的哪些组件（或模块）。因此，模块化可以增强消费者的选择性，因为定制（或按订单生产）的物品可以在短时间内生产。

　　汽车制造中的模块化允许添加或移除某些部件，而不需要对基本设计进行进一步改动。到 21 世纪初，世界上大多数汽车制造商提供了一系列产品的基本模型，以及升级各项性能的可能性，例如高性能车轮、季节性轮胎、更强大的发动机、不同材料的内饰以及不同的座椅设计、各种级别的高保真的仪表板，以及娱乐和卫星导航系统。所有这些附件都可以不改变基本模型的整体结构（包括底盘、排气和转向系统）。

现代艺术与装饰艺术中的模块化

　　模块化可以允许通过重新配置、删除或添加组成部分进行更改。在现代艺术中，这可以采取将标准化单元或模块连接在一起以形成更大和更复杂的构图的形式。通过组成部分的重新安排来实现改变的艺术品至少可以追溯到欧洲文艺复兴时期。其中一个例子是希罗尼穆斯·博施（Hieronymus Bosch）的三联画《地球乐园》（*Garden of Earthly Delights*，约 1450 ~ 1516）。在更大程度上采用这一概念的例子可以在 20 世纪所谓的模块化建构主义者中找到。模块化建构主义是在 19 世纪五六十年代出现的一种雕塑风格，该风格基于使用精心挑选的模块，允许复杂组合和在一些情况下大量的替代组合。对艺术家们来说，其挑战就是要确定组成部分的组合可能性。在建筑环境中用于分隔空间、滤光和增加美感的屏幕状形式就是一个重要的发展。其中主要的倡导者包括诺曼·卡尔伯格（Norman Carlberg）和欧文·豪尔（Erwin Hauer）等艺术家［都是包豪斯的主要参与者约瑟夫·阿尔伯特（Josef Albers）的学生］。模块化也被认为是 20 世纪 60 年代极简主义艺术的一个重要内容。参与的艺术家包括罗伯特·劳申贝格（Robert Rauschenberg）、丹·弗莱文（Dan Flavin）、唐纳德·贾德（Donald Judd）、索尔·勒维特（Sol LeWitt），特别是雕塑家托尼·史密斯（Tony Smith），他作为一名建筑设计师开始了自己的职业生涯，深受知名的建筑模块化提倡者弗兰克·劳埃德·赖特的影响。装饰艺术中的模块化在历史和文化背景下具有漫长而多样的谱系。斯拉维克·加布兰（Slavik Jablan）对此做出了实质性的评论（1955），探讨了来自东欧和中亚的各种旧石器时代装饰品、罗马迷宫、各种关键图案、装饰砖结构、伊斯兰和凯尔特结设计以及 20 世纪末出现的欧普艺术（Opart）例子中的模块化使用。

设计和建筑中的模块化

在设计和建筑领域中，模块化这一概念具有最大的影响。我们将在此对这种影响的性质和相关的理论原则做出简要的解释。在工业设计中，模块化允许从更小的组件子实体来创建更大的实体，以及在产品制造中选择可互换的组件。模块化可以带来成本的降低以及最终设计的灵活性。它可以将标准化（主要是规模经济）的优势与消费者认为的（刺激改善消费者需求）显著独特性结合起来。如前所述，现代时期的模块化提供了在显著独特的结构中从标准化单元来制造产品的可能性。这种显著独特性源于个性化选择组成部分，以及认为所选择的成分独特地组合以满足消费者规定的确切规格。因此，大规模制造和个性化定制的这两种看似矛盾的生产模式被结合在一起（也许可以称为大规模定制），这是在计算和通信技术创新之后发展起来的。到 21 世纪初，世界上大量的产品制造商以及建筑和室内设计公司已经认识到大规模定制的商业潜力，这可以在 21 世纪早期大部分经济发达地区的汽车和计算机行业、建筑公寓楼、生活住宿的布局以及厨房、卧室和浴室产品的制造中明显地看出来。大规模定制也与 21 世纪早期的数字技术革命有关，它允许看似独特的娱乐、教育、数据处理功能或者是各种软件选项的组合生产，消费者可以通过在家里亦或是在工作地点的手持或便携式设备，购买包含其选择的单元模块以及组合的所谓的独特安装包。

通常，砖块建筑物主要由多个单一单元

（即标准尺寸的砖块）堆砌而成，因此可以被认为是模块化布置。模块化也以其他方式进入建筑领域。建筑设计可以包括将建筑物的组成部分（例如建筑物的房间）视为模块，该模块可以随意添加或减少。例如，可以根据客户的规格创建一个办公单元或住宅公寓，并且可以包括适合客户需求和预算的所需客房数量、形状和大小。模块化组件（墙壁、地板、天花板、屋顶等）一律都是在装配线的基础上制造，在工厂类型的设施中生产，并交付到目标场所进行组装。一旦组装完成，模块化建筑物与常规的工地建筑大体上是没区别的，但是建造成本会更低，价格也会更低。还有几个显而易见的优点，其中包括消除了由于恶劣天气或原材料交付延迟造成的施工延误问题；在建筑物完工之前花费在工地的时间减少；能够解决建造成本通常相对较高、原材料难以获得以及适当的熟练劳动力相对稀缺的偏远地区（即与既有城市或人口稠密地区不同的地方）的建筑需求；减少工地废物数量；减少车辆、人员和原材料运输造成的现场干扰。

　　工厂生产的预制成片的住房单元（在英国被称为预制房屋），建于第二次世界大战之后的十年内，就是模块化生产的典范。通常情况下，这种结构会被建立在一个铝制框架上（尽管也可以采用木材和钢材），并有一个入口大厅、两间卧室、一间客厅、一间浴室（带有单独的卫生间）和一间配套齐全的厨房（配

有基本的炉子、几个存储柜子和饮食区），这些都是通过四个或可能五个预装配构建的模块单元来实现的。这些模块结构被运送到目标地点并进行组装，这一过程所需的时间比传统就地建造的时间要短得多。建筑史学家经常举的另一个模块化建造的例子是"汉娜 - 蜂窝楼"（Hanna-Honeycomb House），又名"汉娜楼"，是由弗兰克·劳埃德·赖特设计，采用了六角形模块从而让楼面整体呈现蜂窝状的外形。模块化结构使建筑物能够加以扩充并适应过去 20 年里居民居住需求的改变。建筑模块化的其他潜在特点还包括在材料使用方面高效利用空间和资金。为了更好地探讨这些特点，接下来我们将探讨"最密堆积"和"高效分割"这两个概念。

最密堆积

　　"最密堆积"（closest packing）这个词是指用一种高效稳定的方式把相同形状和尺寸

图 9.1　蜂巢，图片来自维基百科，2011 年 5 月

图 9.2a–b 三角形构造最密堆积和低效正方形构造最密堆积（JSS）

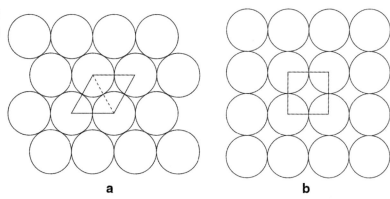

a   b

的物体组合在一起，以确保每个物体之间的间隙被消除或者是减到最小。通过考虑相同大小的球体或类似几何体的堆积问题，我们已经发展出与"最密堆积"相关的理论。很多晶体结构都是在原子的最密堆积的基础上形成的。最密堆积不仅在某些金属原子的结构上有所体现，也可以从生物系统中多面体形细胞的立体排列中看出（皮尔斯，1990：14）。蜜蜂的蜂巢（图9.1）就是我们熟悉的最密堆积的一个例子，它的细胞堆积呈现出的正六边形截面的形状，可以容纳最大量的蜂蜜，与其他多边形构造相比，这种构造下蜜蜂所消耗的蜡和能量可以降到最低。

　　最密堆积的原理与所谓的"三角剖分"尤为相关。三角形的组装配件具有固有的稳定性，每单位具有较高承重强度，在建造和使用过程中比其他构造更节省能源。在给定的区域里用面积相等的圆圈按照三角形的构造进行最密堆积比用方形构造进行堆积更加高效（图9.2a-b）。节约资源是最少类型/最大多样性生产的一个重要组成部分（皮尔斯，

1990：14）。最密堆积/三角剖分的原理是普遍的，可以运作于纳米、微观和宏观层面上，而且似乎能创造产生最低能耗的条件。早期的一个典范就是亚历山大·格雷厄姆·贝尔（Alexander Graham Bell）在与载人飞行和飞机开发相关的早期实验中设计的立体三角结构（四面体风筝和空间框架）。

　　根据皮尔斯（1990：14）观察，物体的外在形式是由两种类型的基本作用力来决定的：内在力和外在力。第一种力是指内在的构成物体的力（其物理或化学成分之间的作用力）；第二种力是指来自外部环境对物体的作用力。皮尔斯（1990：14）就举了雪花这个例子：它的分子结构是控制其外在形式的内在力的产物，而温度、湿度和风速则是影响这同一形式的外在力。自然界中所有的外在形式都可以看成是内在力和外在力相互作用的结果。

高效分割

　　最密堆积和模块化的一个重要方面是分

割。最有效的划分是将可用空间划分为在给定圆周长度内具有最大尺寸的相等单元。因此，分割的问题可以表述为：哪一种方法最有效，能够用等大小和等形状的网格来划分二维空间，使得最大面积包含在具有最小周长的单元格中？众所周知，相比任何其他平面图形，圆圈包围给定圆周的表面积最大，或者说是"包围具有最小圆周的给定区域"（皮尔斯，1990：14）。在三维环境中，球体在最小表面积内占据最大体积。虽然当分别处理二维和三维空间填充（或最密堆积）时，圆和球都处于优先考虑位置，但是当谈到最高效的空间分割方法时，两者都不是最成功的手段。当一组圆堆积在一起时，在表面之间形成凹三角形；这样的三角形具有最大周长，却创造了最小的面积（这与高效分割背道而驰）。然而，如果改变圆的形状，使得凹三角形被移除，从而产生六边形，则可以创建出

将表面划分为相等的面积单位的更高效的形式。这些六边形单元格匹配最小结构（整个墙体长度），从而实现最大可用面积（皮尔斯，1990：4）。

球体不是最有效的三维空间分割方式。当把球体堆积在一起时，每个球体将有十二个球体围绕四周（六个围绕中心球体，并且三个在顶部，三个在底部）。因此有一些空间未被填充。然而，如果允许球体扩展其表面以填充空间，则它可以形成菱形十二面体（图 9.3），其在分割三维空间中比球体更高效。这些对空间利用的考虑对于建筑师和室内设计者来说尤为重要。在《自然结构乃设计策略》中，皮尔斯（1990）特别关注最少能源利用和高效率结构这两个方面，并且如前所述，他提出了一个关于最大多样性可以从最少类型中获得这样一个理论。虽然他所采取的观点是建筑实践者和理论家的观点，但所有设计师和视觉艺术家都可以从这本书中获益良多。

走向装饰艺术和设计的融合理论

融合的概念源自荷兰（1998），我们可以将其运用于将一组看似简单的组件形成更复杂的实体，从而使总体大于各部分之和。蚁穴、蜂窝、雪花、白蚁坡、互联网和全球经济都是体现融合的绝佳例子。这一观念有时也出现在装饰艺术和设计中，似乎与模块化的概

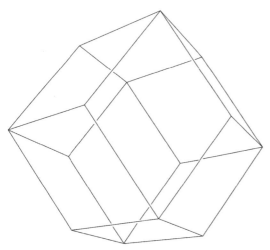

图 9.3　菱形十二面体（MV）

念相关。比如，在一般的重复性图案中，小的组成图形自身在视觉方面相对来说并不重要；但是和其他相同的组成图形联系在一起，它们形成的完整设计在视觉上就可以有多种解读方式，具有在原来的单一图形中并不显著的特征。这主要是因为，在很多一般性重复图案中，只有放眼整体设计而不是仅仅关注小局部，重复单元的视觉联系才会变得显而易见。观察者可以在重复性单元的多种组成部分中发现视觉联系。前景或背景影响以及设计中组成部分间的相似点和差异可能都很重要。

本章小结

　　本章讨论的是模块化的问题，这个概念对于建筑和设计来说尤为重要。"最少的类型 - 最大多样性"（皮尔斯，1990）最好地诠释了这一概念，指出由一小部分元素形成的不同组合具有极大的可能性。图 9.4 和 9.5 列举了一些学生对于同一个作业的答案，这涉及将正多边形分为一些镶嵌图案，上色，并将它们组成一系列重复性图案（或镶嵌）的过程。此外，我们还简要回顾了装饰艺术、设计和建筑中模块化的应用。本章还简要解释了最密堆积和高效分割等相关概念，并提出了装饰艺术和设计中的融合理论。

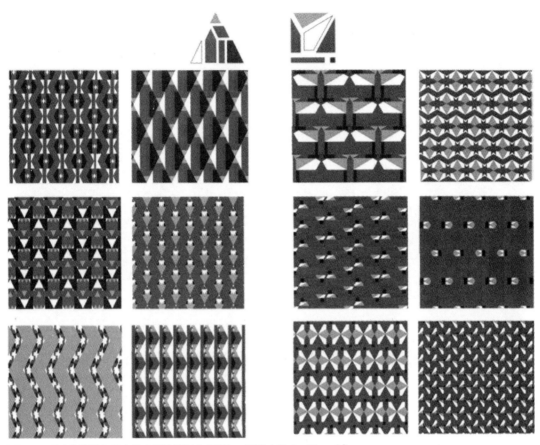

图 9.4　最少的类型和最大的多样性镶嵌〔克莱尔·罗丝（Claira Ross）〕

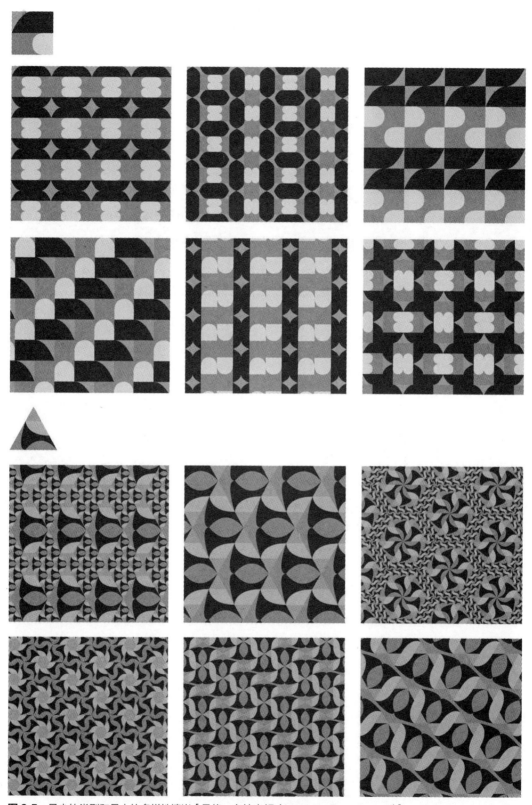

图9.5 最少的类型和最大的多样性镶嵌［马修·布拉辛顿（Matthew Brassington）］

第10章

装饰艺术、设计和建筑中的结构分析

引言

在装饰艺术、设计和建筑中，有关巩固结构和形式的几何原理、概念和观点的知识来源于各种古代文化，包括埃及王朝、亚述帝国、古代的印度和中国以及古希腊和古罗马。从欧几里得时期起（约公元前 300 年），几何就已经成为建筑师、建筑商、工匠和设计师的首选工具。对于各种基本几何原理的理解，为世世代代的实践者提供了解决处理与结构和形式相关问题的途径。这种理解对于设计和其他创意性尝试产品同样有价值。鉴于此，本章首先简要回顾在装饰艺术、设计和建筑中研究者对分析结构和形式所做出的一小部分尝试，其次是提出发展艺术和设计分析人员使用的系统性分析框架的基础。

对称分析——达到一致方法的步骤

19 世纪晚期及 20 世纪，在规律性重复二维设计的结构特征的鉴别中，某些出版物是重要的里程碑。迈耶（Meyer，1984 和 1957：3）根据他们的空间特征将这种设计进行了分组（例如封闭空间、丝带状条纹或者无限的平面图案，对应于本书中使用的花纹、带状图案和完全重复图案等术语）。最重要的是，他认识到，完全重复性设计中展现的二维设计形式依赖于潜在的结构网格，因此其预测了科学研究人员使用的和晶体重复图案的分类中应用的点阵网格。如前所述，除了展现各种对称特征，所有规律性完全重复图案都是基于潜在的网格或晶体结构（称为布拉菲晶格，只有五种类型）。斯蒂芬森和萨德兹（Stephenson and Suddards，1897：第 2~5 章）在他们对于纺织图案的调查中，举例证明了基于矩形、六边形、菱形和正方形晶格的结构。与此类似，戴（Day，1903）强调了二维规律性重复图案的潜在几何结构的重要性，并且展示了基于正方形、菱形、平行四边形和六边形结构框架的图例。

在 20 世纪产生了另一种与设计分析和分类相关的观点，这种分类基于研究重复性设计潜在的对称特征。如前所述，在 20 世纪后半叶，这种分析和分类的方法用于对来自不同文化背景和历史时期的二维规律性重复图案进行分类。沃什伯恩和克罗（1988）、豪尔吉陶伊（Hargittai，1986 和 1989）以及汉恩（1992 和 2003）对此做出了重要的贡献。在大量的研究贡献中，一个关键的发现在于，针对来源于一个给定文化背景的图案的代表性集合，当分析其潜在的几何特征，并将其归类于不同的对称等级（7 种边界图案类型和 17 种全覆盖图案类型）时，我们可以看到，不同的文化表现出不同的对称偏好。当考虑任何典型数据系列中对称等级的分布时，一个重要的含义在于，对称分类是一个在文化上敏感的工具，并且能够用于探测连续性和随时间的变化（需视合适数据的可用性而定）。汉恩和汤姆森（1992）提出了相关文献的综述。从假设检验和理论发展的角度来说，值得强调的重点在于，对称分析和分类允许在一个研究者到另一个研究者之间进行结果的复制（沃什伯恩和克罗，1988 和 2004）。

装饰艺术、设计和建筑中的几何分析

最初尝试着分析装饰艺术、设计和建筑中的结构与形式可以追溯到意大利文艺复兴时期 [例如利昂纳·巴蒂斯塔·阿尔贝蒂（Leone Battista Alberti）的著作]，这样的分析总是集中于理解希腊 - 罗马风格或建筑及相关艺术尝试形式的内在特征。这似乎来自于这样的信念：这些来源拥有古希腊几何学家的几何奥秘，以及如果这些奥秘并入 15 世纪意大利实践家的创造性努力，那么成功就可以得到保证 [奇塔姆（Chitham），2005：20]。几个世纪以后，霍格斯（Hogarth，1753）开始鉴别美学的基本属性，并且做了一些关于结构和形式的著名评论。特别重要的是，他认为人类有一种内在方式能够察觉物体中令人愉悦的比例，并且比例较小程度的变化与物体绝对尺寸的改变相比，在不经测量的情况下更容易被感知。在霍格斯的发现之后，欧文·琼斯（Owen Jones）的《装饰法则》（The Grammar of Ornament）被认为是 19 世纪的伟大著作，这本书汇集了艺术产品彩色印刷的复制品，这些艺术产品来自各种文化背景和历史时期。琼斯的著作和许多其他来自 19 世纪末和 20 世纪初的类似出版物 [例如，拉西内（Racinet），1873；斯佩尔兹（Speltz），1915] 的意图在于确定不同来源、文化和时期的装饰艺术和设计的重要样式属性。

在 20 世纪，人们的注意力也大量集中于（非重复性）设计的几何分析。汉比奇（1926）在确定对设计分析家有可能有价值的重要参数方面做出了显著的贡献。通过对希腊艺术的研究，他提出，所有和谐的设计都基于他命名的"动态对称性"，以及由多种根号矩形和与黄金分割相关的旋转正方形的矩形及相关图形提供的比例。吉卡（1946）承认了汉比奇观点的有用性，提出了比例理论（参考希腊和哥特式艺术），还讨论了几何、自然以及人体之间的关系。同时，他针对来自 19 世纪末和 20 世纪初有关艺术和设计的不同例子，进行了相关几何分析。针对与 20 世纪艺术和设计中的结构和形式相关发展中的知识，已出版的最重要的贡献事实上并非来源于艺术或设计实践家或理论家，而是来自学者，他们主要关注自然世界中结构的几何方面。西奥多·库克（Theodore Cook，1914）和达西·汤姆逊（D'Arcy Thompson，1917）的著作值得注意。事实上，着手于确定或检验艺术和设计中结构方面的出版物，大部分都不可避免地参考这些文本中的一两个。

在 21 世纪初之前，不同文化或历史背景下装饰艺术、设计和建筑的几何分析，已经成为数学家们一项常见的研究活动，并且出现了大量相关的文献作品，它们中的大部分对于典型的艺术和设计读者来说并不是很容易阅读。但也有例外，如：麦基洗德（Melchizedek，2000），他检验了其称之为"生命之花"装饰图案的文化和历史方面（包含以六边形为顺序重叠的圆）；阿舍尔（Ascher，2000：59），他讨论了学校几何课程中包括的"民族数学"（定义为"传统民族数学观点的研究"）；伊拉姆（2001），他提供了从古时起艺术和设计中几何使用的简要回顾，并提供了总结性分析，其中包含了 20 世纪一系列产品设计和海报的详细讨论；卡普莱夫（2002），在其专著《无法估量》（Beyond Measure）中，检验了文化背景下的多种几何现象，包括布鲁内斯星及其在古代如何被作为测量工具使用；格迪斯（Gerdes，2003），他检验了

数学思想的出现，并主要关注发展合适的方法来进行对早期几何思想的发展研究；弗莱彻（Fletcher，2004、2005 和 2006），他提供了一系列结构研究，包括尖椭圆光轮的考虑、包含六个圆围绕一个圆的组合体和黄金分割及其在正五边形和其他几何结构中的出现；马歇尔（2006），他检验了古罗马建筑背景下正方形的操作处理；斯图尔特（2009），他提供了关于布鲁内斯星的应用的回顾（我们称之为"星形切割图"）。重要的是，在检验装饰艺术、设计和建筑的结构方面，并没有出现一种持续的、完全形成的、可复制的方法论和分析框架。然而，应当值得注意的是，雷诺兹（2000、2001、2002 和 2003）在此方向做出了重要的贡献，他撰写一系列有用的文章，其中大部分涉及与设计几何分析相关的步骤和其它事项。在他 2001 年的文章中，他提出了当研究者们在装饰艺术、设计和建筑领域中进行几何分析时，他们所要遵循的一系列系统性阶段。

经常使用的结构和测量方法

在涉及装饰艺术、设计和建筑的结构方面的相关文献中都会提到，各种几何特征、原则、概念、结构、相对测量方法、比例和比率对艺术和设计实践者和分析师来说确实重要（程度不同）。这些包括：1∶1（正方形）；π∶半径（圆）；正方形根号系列√2

（=1.4142…）∶1；$\sqrt{3}$（=1.732…）∶1；$\sqrt{4}$（=2）∶1等；正多边形（特别是正方形、五边形和六边形）；勒洛多边形、创意方块、尖椭圆光轮、各种与神圣切割正方形相关联的结构、所谓的布鲁内斯星；黄金分割（Phi（f）或1.618∶1）和各种相关结构，例如黄金矩形或黄金螺旋线；三角形（等边、等腰、直角和不等边三角形）；晶体结构（包括布拉菲晶格）和基于柏拉图、阿基米德或其他类型的铺砌；几何对称性及其构成的几何操作（或对称性）。雷诺兹将其中的大部分都列在了文章《几何学观点：几何分析艺术和科学的介绍》（*The Geometer's Angle: An Introduction to the Art and Science of Geometric Analysis*）中，该文章被证明对有兴趣进行艺术或设计中结构分析项目的学生具有极大的重要性。

与方法和数据收集有关的问题

一些文献曾指出，古老的手工匠人拥有一系列数学工具，而这些大多已超出当代大多数技艺高超的实践家的理解。此时，值得强调的是，作者的意思并不是古代工匠和建筑者知道大范围的几何结构。然而，也并不是否认古时拥有复杂的几何知识（这些有可能掌握在发达文明中心的技艺高超的艺术家和建筑师手中）。似乎更可能是手工匠人们（这些人涉及到建造墙壁、放置砖块或砖格、切割或雕刻木材、生产陶瓷和编织纺织品）依赖艺术和创造性的技巧和判断，这些基于实践经验和固有能力，也许是由过去的学徒制开始或刺激，而成为更有经验的实践者。同样，也有可能是这种情况：古代手工匠人的每个族群都熟知有限的经过检验和测试的结构。显然，在历史上（例如，在过去的1000年），不同地区发展形成了不同的艺术或建筑风格，这也许是由于当地有限的相对几何结构的知识。很有可能不同的地区以及因此形成的不同文化，拥有它们独一无二的几何知识，特定于他们所处地区的装饰艺术、设计和建筑。为了确定是否确实是这种情况，我们很有必要去检验典型的数据系列，以及以一种可复制的和一致的方式将这些数据进行归类。知道了这些，这儿打算提出一种供研究者使用的系统性的分析框架，以此来进行装饰艺术、设计和建筑中的结构（即几何）分析。因此，雷诺兹提出的这种几何分析类型被认为是很有发展价值的，而与此同时，我们必须认识到如海勒布龙克（例如，2007）等学者强调的严谨的数据收集和分析的重要性。

达到系统性分析框架的步骤

艺术和设计中的结构分析能够以多种方式进行。这儿提出的阶段旨在形成一个更加坚固的分析框架的基础，从长远来看，该分析框架有助于更深刻地理解几何是如何在历史上和文化上用于装饰艺术、设计和建筑中的。下文提出的步骤假定，分析者不能执行物体本身的直接测量，并且，他们打算进行摄影或其他图像的分析。如果物体的直接测量（比如说长度、宽度和深度以及设计中关键元素的位置）确实是有可能的，那么应将得到的数据与其他来自摄影分析中的数据相整合。常识往往占优势，并且，一旦产生冲突，实际测量应当优先于在摄影图像上进行的测量。

第一步，选择要分析的物体并得到该物体的图像（总是以制图、纸质复印或照片的形式呈现）。选择一个清晰并且准确的图像。在建筑表现图中，尽管平面图是分析中同样具有启发性的来源，但主视图往往仍是常识上的选择。对于雕塑或产品设计项目，尽管也可测量其侧视图，但还是尽量选择物体的正面视图进行测量。重要的是，在进行设计之前，分析师应当确定设计中的关键元素：这些可能是屋顶的最高点、玫瑰花窗的位置、大门入口的位置、尖顶的基底或顶部、柱子或其他支撑物的位置、一件雕塑的关键点以及一张海报或其他二维展示物或构图的关键图形特征。为了使分析合理化，重要的是在此第一阶段就确定这些关键元素。

第二步，我们应当尽可能紧密地绘制一个将图像中展示的物体框在内的矩形。常识决定了该矩形的取向，该矩形的边平行于观察者所认为的物体的中间线。

随后选择测量系统。测量系统可以是厘米、英尺或其他测量单位制，只要随后的测量保持一致。一旦选定，通过简单地用直尺测量周围矩形或直接测量物体本身的图像（通过常识来判断最宽的尺寸和最窄的尺寸），就可以得到物体的长宽比。然后应当记录这些测量结果，计算比例（仅仅将较大的长度除以较小的长度），随后将得到的比例与以下比例相比较：

1. 正方形，边长比为 1∶1
2. 根 2 矩形，边长比为 1∶1.4142…
3. 根 3 矩形，边长比为 1∶1.732…
4. 根 4 矩形，边长比为 1∶2
5. 根 5 矩形，边长比为 1∶2.236…
6. 旋转正方形的矩形（即黄金分割矩形），边长比为 1∶1.618…

特定矩形的选择（来自上述的六种分类）可以基于百分比偏差或者允许高于或低于给定值的 2%。因此，如果说得到了 1∶1.43 的比例，此结果落在可接受的界限范围内，则该矩形可以归类为根 2 矩形。

第三步，参考该限定矩形，绘制出两条角对角的对角线，因此可以确定该矩形的中心。平分中心点的每一个角，可以绘制连接对边中点的直线，从而将该矩形划分成 4 个相等的区域（图 10.1）。

第四步，从每个角到两对边的中点绘制 8 条半对角线（图 10.2）。细心的读者将会注意到，布鲁内斯星式的轮廓已经创造出来了（尽管也许是在一个非正方形的矩形上）。与此相同的底层结构通常在世界范围内的设计中都能找到（例如，遵循该设计的各种伊斯兰铺砌）。斯图尔特（2009）详细回顾了不同背景下该结构的使用。

如前所述，布鲁内斯星式的图解形式确定了各种点（绘制矩形内的线在一点重叠或相交），这些也许被称为关键审美点（或KAPs），即设计、组合或其他结构中关键元素放置的点。在本章中，布鲁内斯星仅仅被用作一种分析测量的方法。为了分析，布鲁内斯星式的示意图中的每一点（一共有25个点）能够任意给定一个字母（A、B、C、D…直到Y，如图10.3所示）。

分析的第五阶段是决定设计中的任何关键元素（在之前所述的分析第一阶段中确定）是否都位于布鲁内斯星式图解（在之前阶段所选的图像上绘制）的关键审美点。如果是，

则应参考之前所建议的字母标识（A、B、C、D…直到Y）来记录矩形中每一点的位置。

如之前在小节"对称分析——达到一种一致分析的步骤"中所述，现在我们可以肯定，重复样式的对称分析可能被用来强调文化或历史上的一致性、适应性或改变（见沃什伯恩和克罗，1988年、汉恩和汤姆森，1992年和汉恩，1992年的例子）。考虑到这一点，提出以下这个观点似乎是明智的，那就是在这些阶段所描述的几何类型分析应当被用作检验不同来源的设计典型样本的基础。人们认为，该提议还处于初步阶段，并且，要将其发展为一种分析工具，我们还需要进行实质性的改进、适应和调整。同时，人们还察觉到，如果设计的物体、构图或结构的几何结构对文化敏感，那么提出的框架应当吸收从一个文化到另一文化、从一个历史时期到另一历

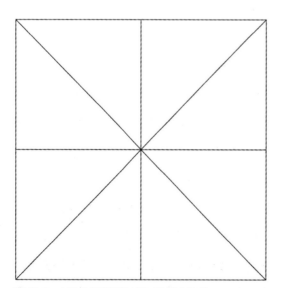

图10.1 布鲁内斯星结构,第一阶段（AH）

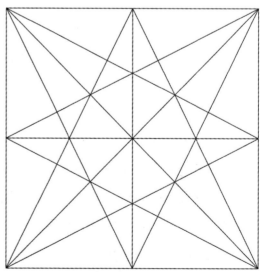

图10.2 布鲁内斯星结构（AH）

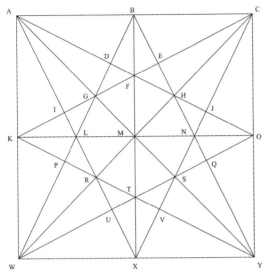

图 10.3　布鲁内斯星结构，图中显示出了关键审美点（AH）

史时期的差异。因此，我们的下一阶段应当是测试提出的一系列措施是否和对称分析一样具有文化敏感性。

准确性问题

通常，出于简单的逻辑原因，对所选物体、结构或建筑物进行精确直接的测量是不太可能的，我们必须参照某种摄影表达。如之前的小节所述，如果我们能够进行精确直接的测量（例如，长度、宽度和深度），那么我们就能够决定设计中关键元素的位置，因此我们确实应当进行这些测量并与来自摄影分析的其他数据相整合。然而，上述提出的步骤是为了进行摄影证据的分析。最好是由研究者进行这种照片的拍摄，但这也许不太可能。摄影表达的分析很容易遇到问题，雷

诺兹（2001）强调了其中的一些问题。必须注意照片的选择，需要完全正面的图像。互联网上的图像有可能会发生失真，因此有可能出现比实际情况更大或更小的长度或宽度。在照片来源未知和可靠性无法保证的情况下，最好是尽可能选择较多的版本，并且在两个极端的偏差比能够接受的情况下，确定是否存在可接受的平均值。重要的是，研究者不能走出特定的错误边缘（即对矩形进行归类时的容许范围）；研究者的不准确性往往隐藏在所谓的人工错误或一些过去的自然灾害的背后。当然，可以预期设计作为绘图的构思与其物理实现之间的差异，但是，规定的偏差应足以满足这种不准确性。如果是为了在来自不同文化或历史来源的一系列数据之间进行任何形式的比较，那么数据能够代表所讨论的来源是至关重要的。

本章小结

　　本章建议，将本书中所述的一些关键概念和原理纳入分析框架中，该分析框架适于对二维或三维设计进行分析和归类，以及允许在一名分析家到另一名分析家之间进行结果的复制。我们也许会参考结构规则来创造和发展我们的设计，然后，再对它们底层的结构特征进行分析。对具有代表性的设计派别进行几何分析，很有可能能够揭露大范围的社会、心理、哲学和文化性质或特征，这从对称归类相关领域所取得的显著进步就可以看出来了。沃什伯恩和克罗（1988）等学者对此十分拥护。

第 11 章

设计师的框架

这本书涵盖了很多理论原则和概念。本章作为简短的总结，并不是为了重申这些原则和概念，而是为了重申一些提议，这些提议将有助于设计师和其他创意从业者解决与结构和形态相关的设计问题，为他们提供直接的借鉴。因此，本章的重点在于实际应用和综合推理而不是理论构建和分析。

尽管本书大部分章节都在于提供一个增强二维平面设计的框架，但是所覆盖的提议、理念或原则对于三维设计从业者来说也有巨大的潜在价值。然而，事实是人们需要大量的进一步的研究，才能确保其中的一些内容在设计创意的所有领域都可以更加精准地运用。希望未来的作家们可以接受这个挑战。

在一个设计作品中，关于两个或更多的组成成分在视觉上是否和谐明显是个主观的论断（尽管这种主观性往往受经验产生的视觉判断影响）。几何互补性（geometric complementarity）这个术语适用的情形是几何图形（包括二维和三维的）相互成比例，并且体现和谐性，即使它们大小、面积、体积或维度不尽相同。几何比例是一个客观的量度，它有助于评价设计中个体元素的和谐性。

根号矩形和旋转正方形的矩形系列作为组成辅助工具的潜在价值已被提及。除此之外，还有提议建议设计师或其他创意践行者构图时考虑选择这些格局。不仅如此，还有人提议，实践者在决定设计作品中重要元素的布局时，可以充分利用矩形来定位。每种矩形在实践中不仅会考虑应用五角星的构建法，还会考虑每面线条相交的点，这构成关键审美点（KAPs），而且是设计作品或其他视觉构成中关键元素的理想定位。

此前（尤其是在第 2、3 和 6 章）已经多次强调视觉艺术中的网格对于设计师和其他实践者的重要性。多种分类铺砌也可以发挥网格的作用。历史上很早就使用正三角形和正方形网格（都是柏拉图式铺砌）来指导创造规律性重复的图案。有人提议应该考虑其他作为网格的分类铺砌，尤其是半规则铺砌和非规则铺砌（第 4 章）。第 4 章提出了一系列创造原创性铺砌设计的过程，这些设计主要在于控制分类铺砌的组成单位。此前（第 3 章和第 6 章）提出了一系列基于多种

根号矩形和旋转正方形的矩形的网格。多种
进一步的控制、发展和增添都是可能的，希
望读者可以这样做，并把它们添加到这里提
出的框架中。尤为重要的是要认识到设计是
一个系统的过程，应该系统地应对与设计结
构和形态相关的问题以及其他视觉艺术的问
题。成功的设计背后的结构掩藏在最终作品

中，但这并不意味着结构对于产品的成功来
说不重要。当然，一些现代建筑也存在特例，
比如一些建筑的结构框架包含在最终的建造
中，而且可能形成一种美学特征（图 11.1）。
这本书体现的原则和理念涵盖了支撑大部分
硕果累累的工作室实践以及相应的成功设计
的基础。

图 11.1 最好将结构看作是潜在的框架支撑形式（照片摄于韩国首尔中心，2007）

附录 1

样品评估与练习

定义与图解

你需要给出下列每一个视觉元素 / 概念的定义和原始黑白图示：

（1）点；（2）线；（3）平面；（4）结构；（5）形式。

你的作业应当能够符合教科书的出版标准，以供学习艺术或设计课程的大学生使用。每一个定义应当用清晰、简单并且容易理解的英语表述，并且每一个图示应当是专业的、可出版的标准。如果需要的话，原始黑白摄影图像（由你拍摄）可以纳入你的提交材料中。你需要提交所有定义和图示的出版物和复印件。

要求：每一个定义应当在 30 字或者（最好）少于 30 字，最终的材料应当以标准纸张（例如 A4 纸）正反两面的形式进行提交。除了最简明的定义，不应当包含进一步的解释性文本。每个图示可以包含一个简单的单字标题，如果你认为有必要这样做以识别图示。因此文本应保持到最短。最关键的是，提交的所有定义和 / 或图示都应当是你自己创作的。从网站或其他出版源简单地下载一个定义或图示都是不被采纳的。

艺术和设计中的结构分析

你已被委托在 12 月份（虚拟的）季刊杂志《视觉分析与综合》（*Visual Analysis and Synthesis*）中出版两页的一篇文章。该杂志是以英文出版的，并且主要的目标读者是欧洲和北美在读以及已毕业的设计学生。亚洲、澳大利亚、南美和非洲的销量正在上升。

你需要在你选择的时期内选择一个著名的艺术或设计作品。可以是一幅绘画作品、一幢建筑物、一则广告、一个消费者产品或其他任何设计产品。你所选择的物体 / 图像应当作为半页的插图（有题目和来源），并且是你两页文章的一部分。额外的插图也可以包含在内。字体大小不能小于十点。页边空白区域要留大一点。

在指定两页纸的限制范围内，你需要提供关于你所选的图像 / 物体的重点突出且内容翔实的几何分析。建议你在适当的情况下，紧密参考本书中涉及的结构元素和原则。你的文章需要有一个恰当的标题。章节标题应进行编号以提供容易阅读且清晰的结构。来自其他分析家、理论家或评论家的所有实际信息或观点都必须得到适当的承认和标注。对作品的评估将基于奖学金证明、观点的清晰性和质量、对相关概念和原则的进一步阅读和理解的证明。可读性、展示的质量和设计布局将是进一步的考虑因素。这项工作应像一篇可发表的文章一样令人信服。关键是严格遵守上述要求，包括所有参考来源。

模块化铺砌（切割、颜色、重排和重复）

这项任务涉及两种铺砌设计集合的制作，即使用一些从正多边形切割下来的铺砌形状进行制作。

要求：你需要制作一个具有专业性、已完成并且展示出来的 12 种样式（或铺砌设计）的集合，其中每一种样式都由从正多边形切割或绘制的铺砌元素中创造（6 种设计源于正方形的元素，其余 6 种设计源于正三角形或正六边形的元素）。创造独立铺砌元素的过程将在"创造样式"一节中进行叙述。在每一设计中，必须至少展示 4 个重复性单元。你必须将所有 12 种设计以及任务中其他必要元素的总展示图限制在标准纸张内（例如 A4 纸）。你必须说明和展示设计的预期最终用途和规模。最终用途包括墙壁、道路或公园的外部铺砌（本地的、公司的或地方政府的），

或者如地板墙壁铺砌、印花或其他家具、地毯表面设计的内部用途或其他内部最终用途。然而，所有的这些都是显而易见的选择，因此尝试去展现一些更有意义的东西，以此来展示你原创性思维的能力。同时，必须指出应用（或制造）的过程或方式，以及所使用到的原材料。你应当指出原材料的耗费以及你具体说明的最终用途中某一设计的耗费。

所有这些准则都是专业设计实践中的常规要求。这项任务的目的是发展你关于结构和形式的意识。因此，你也需要包括设计来源（心情或主题插图）的样品、用来为你的设计及最终用途示意图着色的主要色彩。包括所有相关信息和插图的设计集合应当进行专业地展示。因此，第一步，决定最终的用途、使用的材料、预期设计的规模以及灵感的来源（基于此，能够选择多达 6 种颜色的主要颜色，以及发展与花纹以及铺砌元素的形状相关的想法）。

创造样式：根据你选择的尺寸方向来绘制一个正方形。参考你灵感来源中的形式，将正方形切割成三到多个部分。用你选择的颜色为每一种砖格着色。不要为使用平面色彩而感到限制；也可以使用花纹特质。制作多个复制品（通过扫描或复制每一个上色的砖格）。使用三到多个不同形状的砖格（以任何你期望的比例）来创造一个有 6 种周期性铺砌的集合，周期性铺砌即没有间隙或重叠地覆盖整个平面（这一点很难，因此在切割多

边形之前需要仔细计划）。每一个设计必须是原创性的、精细绘制、与众不同并且不能仅仅依赖尺寸的变化作为不同变化的方式。随意使用您选择的计算机软件。为了确保最大程度的变化，你必须操纵切割的砖格而不是原始的正方形。

使用一个正六边形或等边三角形重复操作。绘制并切割你选择的多边形到三或多个砖格。给每一个砖格上色（采用之前使用的主要色彩）。制作多个复制品，并且制作第二个包括 6 个原创的、精确绘制的、与众不同的样式的集合。确保你的 12 种设计中的每一个都以矩形或正方形的形式进行展示，并且展示出至少 4 个复制品。而且，你必须指出你是如何对原始的多边形进行切割（即两组 6 个设计中的每一个使用了什么形状的砖格）。总展示图必须限制在标准纸张内（例如 A4 纸）。

一个出版机会

有关结构和形式的专著系列将进行出版，该专著主要针对本科艺术设计的学生。相关铺砌如下：

1. 伊斯兰铺砌

2. 多面体和其他三维形式

3. 图片结构分析

4. 模块化

5. 混沌与分形

6. 网格、晶格和网状结构

7. 对称性和图案

8. 黄金分割、矩形和螺旋线

9. 平面的点和线

每一本专著将是四分之一尺寸，则总尺寸为 189mm × 244mm，活动文字区域约为 150 mm × 200mm（即允许页边距）。

从列表中选择四个标题。对于选择的每个标题，你需要制作一张原创的黑白单页图，正好用来作为封面。每个封面应打印成最大尺寸：150mm × 200mm。图像本身不能包含任何形式的字母（因此，通过设计 / 艺术作品，考核者应能清楚地判断出哪幅图像对应哪个专著标题）。原创黑白图像也可以包含在对四个选择中不超过两个的解决方案中。

观者眼中的美

选择一张你认为非常有吸引力的人脸正面照。为了确定值得注意的比例 / 比率或其他几何特征（例如与斐波那契数列或其他矩形和其他图像以及反射对称性相关的比例）的存在，你需要对该图像进行结构（即几何）分析。为了便于测量，制作图像的放大复制版本可能是有用的。也许你想要进行以下测量：头顶到下巴尖部；嘴的中部到下巴尖部；嘴的中部到鼻尖；鼻尖到鼻梁；鼻梁到眼睛的瞳孔；瞳孔到瞳孔；鼻孔外侧的鼻宽；瞳孔到眼睫毛；眼睫毛到眉毛；眉毛到眉毛；以及其他你认为合适的测量。接下来你也许想确认这些测量之间有没有明显的关系。也许你还想绘制一条从头顶到下巴的中线，以此来评估图像的反射对称性。

你需要以表格形式展示你的数据，清楚地表明哪个测量对应哪个特征。你也需要做一个简洁明确、中心突出的总结陈述 / 评论，不超过 200 字，以文本形式对你的小型调查 / 实验的结果和结论进行总结。

分形图像

考虑第 5 章中叙述的分形图像。这些图像表现出自相似性或尺度对称性。你需要制作一系列原创性图像，表明发展你自己的分形图像的过程，指出第一阶段（起始图像，其他任何图像都由此得到）以及迭代的四个阶段。

设计师网格

选择包含以下其中一项的规律性网格：等边三角形、正方形或正六边形。使用你选择的软件，进行产生 10 种非规律性网格的设计（拥有独立单元格，每种情况有不同于其他情况及初始网格的尺寸、形状和取向）。你的重点在于创作一系列你认为对设计师有价值的网格。

着色多面体

假定给你一项给柏拉图多面体上色的任务。要求共边的两个面颜色不同。五个柏拉图多面体中，每一个所需的颜色数量最少是多少？

花纹的对称性

从你日常环境中，拍摄 10 张花纹或其他图形的照片。参考第 5 章中给出的对称符号和示例，弄清每一张图像的对称性特征。

多边形及其结构

在以下练习中，你可以使用你选择的任何几何仪器和绘图工具。

1. 绘制一个等边三角形
2. 绘制一个正方形
3. 绘制一个正五边形
4. 绘制一个正六边形
5. 绘制一个正七边形
6. 绘制一个正八边形
7. 绘制一个正九边形
8. 绘制一个正十边形

平面的周期性铺砌

1. 解释为什么仅有 3 种柏拉图式（或规

律性）铺砌，并且提供每一种铺砌清楚、精确绘制的示意图，示意图中应有适当的符号。

2. 展示 8 种阿基米德（或半规则性）铺砌的精确绘制的示意图。

镶边图案的对称性

从任何出版或可见来源中，拍照、复制或绘制 20 种镶边图案以及 20 种全覆盖图案。参考第 5 章中提供的插图示例以及符号，确认每一种的结构对称特征，并用合适的符号进行归类。

划分和重组

图 A1.1 给出了一个矩形棱柱，其中有一部分被去除。将去除的部分进行进一步划分，先分成两个部分，再分成三个部分。对这些部分进行选择（与图示的四个图像一样多或至少有这些部分），将这些部分进行组装，产生相同体积的五种不同结构。

用 5 种柏拉图式立体（如图 7.1 所示）重复该过程，在每一种立体中去除一部分，将去除的部分分成两个部分，然后再分成三个部分。在 5 种情况中，采用切割的部分制作 5 种不同的结构（体积相同）。

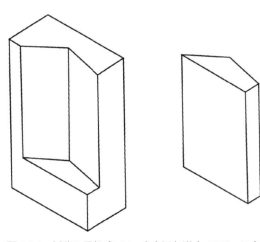
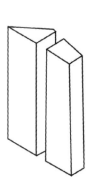
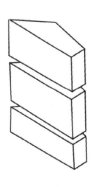

图 A1.1　划分和重组（MV，来自沃尔诺克 1959：32）

附录 2

图案符号说明

带状图案符号说明

　　带状图案仅在一个方向展现出规律性地重复，有 7 种不同的类别。相关文献中可以找到不同类型的符号。最普遍接受的符号是 pxyz 形式；对于每种类别中使用的对称操作，它提供了一种简洁且易于理解的标示。

　　四记号符号中的首字母 p 表示所有 7 种带状样式，这与分类全覆盖样式中使用类似符号相一致。第二、三和四位置上的记号（即由 x、y、z 表示的记号）分别表示垂直反射、水平反射或滑移反射及双重旋转的存在（或缺失）。若垂直反射（垂直于纵向轴）存在，符号中第二个位置上的字母 x 等于 m；否则等于 1。若纵向反射（平行于边界）存在，符号中第三个位置上的字母 y 等于 m，若滑移反射存在则等于字母 a；两者都不存在时等于 1。若双重旋转存在，符号中第四个位置上的字母 z 等于 2，若双重对称不存在则等于 1。因此 7 种带状图案分类为：p111、p1a1、pm11、p1m1、p112、pma2 和 pmm2。

全覆盖图案符号说明

　　数学家和晶体学家们在分类全覆盖样式时曾使用过各种符号。尽管不同于镶边图案，一种类似的（尽管稍微更复杂一些）四记号符号以 pxyz 或 cxyz 的形式得到了使用。它指明了晶胞的类型、旋转的最高阶以及两个方向上展示的对称轴线。接下来的段落中将对每个记号的作用进行总结。

　　第一个记号，字母 p 或 c，表明晶体晶胞是初基原胞还是中心原胞。初基原胞在 15 类全覆盖样式中都存在，并且仅通过重复就能产生完整的样式。其余两种全覆盖样式具有菱形晶胞，拥有两个重复单元放大的晶胞，一个包含在中心晶胞中，另一个在放大的晶胞边界的四分之一处。

　　第二个记号 x 表明了旋转的最高阶。旋转对称性存在的地方，在二维平面样式的制作中仅有双重、三、四和六重旋转是有可能的，因为图形绕轴重复自身不能形成五重对称。这称为晶体学限制，史蒂文斯（Stevens, 1984: 376–90）对此进行了讨论。如果旋转对称不存在，则 x 等于 1。

第三个记号 y 代表垂直于 x 轴的对称轴（即垂直于晶胞的左边）：m（即镜面 mirror）代表反射轴，g（即滑移 glide）代表滑移反射轴，1 表示没有垂直于 x 轴的反射轴或滑移反射轴存在。

第四个记号 z 代表与 x 轴成角度 a 的对称角，随旋转最高阶 x 而变化（由第二个记号表示）。x 等于 1 或 2 时，角度 a 等于 180°，x 等于 4 时，角度 a 等于 45°，x 等于 3 或 6 时，角度 a 等于 60°。记号 m 和 g 表示反射和滑移反射对称性的存在，正如第三个记号一样。第三或第四个位置上记号的缺失（或使用数字 1）表示该样式既无反射也无滑移反射。

参考文献

Abas, S. J. (2001), 'Islamic Geometrical Patterns for the Teaching of Mathematics of Symmetry', *Symmetry in Ethnomathematics*, 12/1–2: 53–65.

Abas, S. J., and Salman, A. S. (1995), *Symmetries of Islamic Geometrical Patterns*, Singapore, Hackensack, NJ, London and Hong Kong: World Scientific.

Allen, J. (2007), *Drawing Geometry*, Edinburgh: Floris Books.

Arnheim, R. (1954 and 1974), *Art and Visual Perception*, Berkeley: University of California Press.

Ascher, M. (2000), 'Ethnomathematics for the Geometry Curriculum', in C. A. Gorini (ed.), *Geometry at Work: Papers in Applied Geometry, MAA Notes*, 53: 59–63.

Baldwin, C., and Clark, K. (1997), 'Managing in an Age of Modularity', *Harvard Business Review*, 75/5: 84–93.

Baumann, K. (2007), *Bauhaus Dessau: Architecture, Design Concept = Architektur, Gestaltung, Idee*, Berlin: Jovis.

Bourgoin, J. (1879), *Les éléments de l'art arabe: le trait des entrelacs*, Paris: Fermin-Didot.

Bourgoin, J. (1973), *Arabic Geometric Pattern and Design*, New York: Dover.

Bovill, C. (1996), *Fractal Geometry in Architecture and Design*, Boston: Birkhauser.

Broug, E. (2008), *Islamic Geometric Patterns*, London: Thames and Hudson.

Brunes, T. (1967), *The Secret of Ancient Geometry and Its Uses*, 2 vols, Copenhagen: Rhodos.

Castéra, J. M. (1999), *Arabesques: Decorative Art in Morocco*, Paris: ACR edition.

Calter, P. (2000), 'Sun Disk, Moon Disk', in C. A. Gorini (ed.) *Geometry at Work: Papers in Applied Geometry, MAA Notes*, 53:12–19.

Chavey, D. (1989), 'Tilings by Regular Polygons II. A Catalog of Tilings', *Computers, Mathematics and Applications*, 17/1–3: 47–165.

Ching, F.D.K. (1996), *Architecture, Form, Space and Order*, New York: John Wiley & Sons.

Ching, F.D.K. (1998), *Design Drawing*, New York: John Wiley & Sons.

Chitham, R. (2005), *The Classical Orders of Architecture*, 2nd edn., Amsterdam: Elsevier.

Christie, A. H. (1910), *Traditional Methods of Pattern Designing*, Oxford: Clarendon Press, republished (1969) as *Pattern Design. An Introduction to the Study of Formal Ornament*, New York: Dover.

Cook, T. A. (1914), *The Curves of Life*, London: Constable, republished (1979) New York: Dover.

Corbachi, W. K. (1989), 'In the Tower of Babel: Beyond Symmetry in Islamic Designs', *Mathematics Applications*, 7: 751–89.

Coxeter, H.S.M. (1961), *Introduction to Geometry*, New York: John Wiley & Sons.

Critchlow, K. (1969), *Order in Space: A Design Sourcebook*, London: Thames and Hudson.

Critchlow, K. (1976), *Islamic Patterns*, London: Thames and Hudson.

Cusumano, M. (1991), *Japan's Software Factories: A Challenge to U.S. Management*, New York: Oxford University Press.

Cusumano, M., and Nobeoka, K. (1998), *Thinking beyond Lean*, New York: Free Press.

Davis, P. J. (1993), *Spirals: From Theodorus to Chaos*, Wellesley, MA: A. K. Peters.

Day, L. F. (1903), *Pattern Design*, London: B. T. Batsford, republished (1999) New York: Dover.

Doczi, G. (1981), *The Power of Limits: Proportional Harmonies in Nature, Art and Architecture,* Boulder, CO: Shambhala.

Dondis, D. A. (1973), *A Primer of Visual Literacy,* Boston: Massachusetts Institute of Technology.

Dürer, A. (1525), *Underweysung der Messung,* Nürnberg: Hieronymus Andreas Formschneider.

Edwards, E. (1932), *Dynamarhythmic Design,* New York: Century, republished (1967) as *Pattern and Design with Dynamic Symmetry,* New York: Dover.

Elam, K. (2001), *Geometry of Design: Studies in Proportion and Composition,* New York: Princeton Architectural Press.

El-Said, I., and Parman, A. (1976), *Geometric Concepts in Islamic Art,* London: World of Islam Festival Publications.

Falbo, C. (2005), 'The Golden Ratio: A Contrary Viewpoint', *College Mathematics Journal,* 36/2: 123–34.

Field, R. (2004), *Geometric Patterns from Islamic Art and Architecture,* Norfolk (UK): Tarquin.

Fischler, R. (1979), 'The Early Relationship of Le Corbusier to the Golden Number', *Environment and Planning,* 6: 95–103.

Fischler, R. (1981a), 'On the Application of the Golden Ratio in the Visual Arts', *Leonardo,* 14/1: 31–2.

Fischler, R. (1981b), 'How to Find the "Golden Number" without Really Trying', *Fibonacci Quarterly,* 19: 406–10.

Fletcher, R. (2004), 'Musings on the Vesica Piscis', *Nexus Network Journal,* 6/2: 95–110.

Fletcher, R. (2005), 'Six + One', *Nexus Network Journal,* 7/1: 141–60.

Fletcher, R. (2006), 'The Golden Section', *Nexus Network Journal,* 8/1: 67–89.

Gazalé, M. J. (1999), *Gnomon,* Princeton: Princeton University Press.

Gerdes, P. (2003), *Awakening of Geometrical Thought in Early Culture,* Minneapolis: MEP.

Ghyka, M. (1946), *The Geometry of Art and Life,* New York: Sheed and Ward, republished (1977), New York: Dover.

Gombrich, E. H. (1979), *The Sense of Order. A Study in the Psychology of Decorative Art,* London: Phaidon.

Goonatilake, S. (1998), *Towards a Global Science,* Bloomington: Indiana University Press.

Grünbaum, B., Grünbaum, Z. and Shephard, G. C. (1986), 'Symmetry in Moorish and Other Ornaments', *Computers and Mathematics with Applications,* 12B: 641–53.

Grünbaum, B., and Shephard, G. C (1987), *Tilings and Patterns,* New York: W. H. Freeman.

Grünbaum, B., and Shephard, G. C. (1989). *Tilings and Patterns: An Introduction,* New York: W. H. Freeman.

Haeckel, E. (1904), *Kunstformen der Natur,* Leipzig and Vienna: Bibliographisches Institut, reprinted (1998) as *Art Forms in Nature,* New York: Prestel-Verlag.

Hahn, W. (1998), *Symmetry as a Developmental Principle in Nature and Art,* Singapore: World Scientific.

Hambidge, J. (1926, 1928 and 1967), *The Elements of Dynamic Symmetry,* New York: Dover.

Hammond, C. (1997), *The Basics of Crystallography and Diffraction,* Oxford: International Union of Crystallography and Oxford University Press.

Hankin, E. H. (1925), *The Drawing of Geometric Patterns in Saracenic Art,* Mémoires of the Archaeological Survey of India, Calcutta: Government of India, Central Publications Branch.

Hann, M. A. (1991), 'The Geometry of Regular Repeating Patterns', PhD thesis, University of Leeds.

Hann, M. A. (1992), 'Symmetry in Regular Repeating Patterns: Case Studies from Various Cultural Settings', *Journal of the Textile Institute,* 83/4: 579–90.

Hann, M. A. (2003a), 'The Fundamentals of Pattern Structure. Part III: The Use of Symmetry

Classification as an Analytical Tool', *Journal of the Textile Institute,* 94 (Pt. 2/1–2): 81–8.

Hann, M. A. (2003b), 'The Fundamentals of Pattern Structure. Part II: The Counter-change Challenge', *Journal of the Textile Institute,* 94 (Pt. 2/1–2): 66–80.

Hann, M. A. (2003c), 'The Fundamentals of Pattern Structure. Part I: Woods Revisited, *Journal of the Textile Institute,* 94 (Pt. 2/1–2): 53–65.

Hann, M. A., and Thomas, B. G. (2007), 'Beyond Black and White: A Note Concerning Three-colour-counterchange Patterns', *Journal of the Textile Institute,* 98/6: 539–47.

Hann, M. A., and Thomson, G. M. (1992), *The Geometry of Regular Repeating Patterns,* Textile Progress Series, vol. 22/1, Manchester: Textile Institute.

Hargittai, I. (ed.) (1986), *Symmetry: Unifying Human Understanding,* New York: Pergamon.

Hargittai, I. (ed.) (1989), *Symmetry 2: Unifying Human Understanding,* New York: Pergamon.

Heath, T. (1921), *History of Greek Mathematics. Vol. I: From Thales to Euclid,* and *Vol. II: From Aristarchus to Diophantus,* Oxford: Clarendon Press, republished (1981) New York: Dover.

Heath, T. (1956 edn), *Euclid: The Thirteen Books of the Elements,* 3 vols., New York: Dover.

Hemenway, P. (2005), *Divine Proportion: Φ (Phi) in Art, Nature and Science,* New York: Sterling.

Holden, A. (1991), *Shapes, Space and Symmetry,* New York: Dover.

Holland, J. H. (1998), *Emergence: From Chaos to Order,* Oxford: Oxford University Press.

Huntley, H. E. (1970), *The Divine Proportion: A Study in Mathematical Beauty,* New York: Dover.

Huylebrouck, D. (2007), 'Curve Fitting in Architecture', *Nexus Network Journal,* 9/1: 59–65.

Huylebrouck, D. (2009), 'Golden Section Atria', Four-page manuscript provided courtesy of the author.

Huylebrouck, D., and Labarque, P. (2002), 'More Than True Applications of the Golden Number', *Nexus Network Journal,* 2/1: 45–58.

Itten, J. (1963 and rev. edn. 1975), *Design and Form: The Basic Course at the Bauhaus,* London: Thames and Hudson.

Jablan, S. (1995), *Theory of Symmetry and Ornament,* Belgrade: Mathematical Institute.

Jones, O. (1856), *The Grammar of Ornament,* London: Day and Son, reprinted (1986) London: Omega.

Kandinsky, W. (1914), *The Art of Spiritual Harmony,* London: Constable, republished as *Concerning the Spiritual in Art,* trans. M.T.H. Sadler (1977), New York: Dover.

Kandinsky, W. (1926), *Punkt und Linie zu Fläche,* Weimar: Bauhaus Books.

Kandinsky, W. (1979), *Point and Line to Plane,* New York: Dover.

Kaplan, C. S. (2000), 'Computer Generated Islamic Star Patterns', in R. Sarhangi (ed.), *Proceedings of the Third Annual Conference, Bridges: Mathematical Connections in Art, Music and Science,* Kansas: Bridges.

Kaplan, C. S., and Salesin, D. H. (2004), 'Islamic Star Patterns in Absolute Geometry', *ACM Transactions on Graphics,* 23/2: 97–110.

Kappraff, J. (1991), *Connections: The Geometric Bridge between Art and Science,* New York: McGraw-Hill.

Kappraff, J. (2000), 'A Secret of Ancient Geometry', in C. A. Gorini (ed.), *Geometry at Work: Papers in Applied Geometry, MAA Notes,* 53: 26–36.

Kappraff, J. (2002 and reprint 2003), *Beyond Measure: A Guided Tour through Nature, Myth and Number,* River Edge (USA), London and Singapore: World Scientific.

Klee, P. (1953), *Pedagogical Sketchbook,* W. Gropius and L. Moholy-Nagy (eds), London: Faber and Faber.

Klee, P. (1961), *The Thinking Eye: The Notebooks of Paul Klee,* J. Spiller (ed.) and R. Manheim (trans.), London: Lund Humphries.

Lawlor, R. (1982), *Sacred Geometry: Philosophy and Practice,* London: Thames and Hudson.

Le Corbusier (1954 and 2nd edn. 1961), *The Modular,* trans. P. de Francia and A. Bostock, London and Boston: Faber and Faber.

Lee, A. J. (1987), 'Islamic Star Patterns', *Muqarnas,* 4: 182–97.

Lidwell, W., Holden, K., and Butler, J. (2003), *Universal Principles of Design,* Gloucester: Rockport.

Lipson, H., Pollack, J. B., and Suh, N. P. (2002), 'On the Origin of Modular Variation', *Evolution,* 56/8: 1549–56.

Livio, M. (2002), *The Golden Ratio: The Story of Phi, The World's Most Astounding Number,* New York: Broadway Books.

Lu, P. J., and Steinhardt, P. J. (2007), 'Decagonal and Quasi-crystalline Tilings in Medieval Islamic Architecture', *Science,* 315: 1106–10.

Lupton, E., and Abbot Miller, J. (eds) (1993), *The ABC's of the Bauhaus and Design Theory,* London: Thames and Hudson.

Lupton, E., and Phillips, J. C. (2008), *Graphic Design: The New Basics,* New York: Princeton Architectural Press.

March, L. (2001), 'Palladio's Villa Emo: The Golden Proportion Hypothesis Rebutted', *Nexus Network Journal,* 3/2: 85–104.

Markowsky, G. (1992), 'Misconceptions about the Golden Ratio', *College Mathematics Journal,* 231: 2–19.

Marshall, D.J.P. (2006), 'Origins of an Obsession', *Nexus Network Journal,* 8/1: 53–64.

Meenan, E. B., and Thomas, B. G. (2008), 'Pull-up Patterned Polyhedra: Platonic Solids for the Classroom', in R. Sarhangi and C. Sequin (eds), *Bridges Leeuwarden, Mathematical Connections in Art, Music and Science,* Conference Proceedings, St Albans: Tarquin.

Melchizedek, D. (2000), *The Ancient Secret of the Flower of Life,* vol. 2, Flagstaff, AZ: Light Technology Publishing.

Meyer, F. S. (1894), *Handbook of Ornament: A Grammar of Art, Industrial and Architectural,* 4th ed. New York: Hessling and Spielmayer, reprinted (1957) New York: Dover, and (1987) as *Meyer's Handbook of Ornament,* London: Omega.

Meyer, M., and Seliger, R. (1998), 'Product Platforms in Software Development', *Sloan Management Review,* 40/1: 61–74.

Naylor, G. (1985), *The Bauhaus Reassessed: Sources and Design Theory,* London: Herbert Press.

Necipoglu, G. (1995), *The Topkapi Scroll: Geometry and Ornament in Islamic Architecture,* Santa Monica: Getty Center for the History of Art and the Humanities.

Olsen, S. (2006), *The Golden Section: Nature's Greatest Secret,* Glastonbury, Somerset (UK): Wooden Books.

Ostwald, M. J. (2000), 'Under Siege: The Golden Mean in Architecture', *Nexus Network Journal,* 2: 75–81.

Özdural, A. (2000), 'Mathematics and Arts: Connections between Theory and Practice in the Medieval Islamic World', *Historia Mathematica,* 27: 171–201.

Padwick R., and Walker, T. (1977), *Pattern: Its Structure and Geometry,* Sunderland: Ceolfrith Press, Sunderland Arts Centre.

Pearce, P. (1990), *Structure in Nature Is a Strategy for Design,* Cambridge, MA: MIT Press.

Post, H. (1997), 'Modularity in Product Design Development and Organization: A Case Study of Baan Company', in R. Sanchez and A. Heene (eds), *Strategic Learning and Knowledge Management,* New York: John Wiley & Sons.

Racinet, A. (1873), *Polychromatic Ornament,* London: Henry Sotheran, republished (1988) as *The Encyclopedia of Ornament,* London: Studio Editions.

Reynolds, M. A. (2000), 'The Geometer's Angle: Marriage of Incommensurables', *Nexus Network Journal,* 2: 133–44.

Reynolds, M. A. (2001), 'The Geometer's Angle: An Introduction to the Art and Science of Geometric Analysis', *Nexus Network Journal,* 3/1: 113–21.

Reynolds, M. A. (2002), 'On the Triple Square and the Diagonal of the Golden Section', *Nexus Network Journal,* 4/1: 119–24.

Reynolds, M. A. (2003), 'The Unknown Modular: The "2.058" Rectangle', *Nexus Network Journal,* 5/2: 119–30.

Rooney, J., and Holroyd, F. (1994), *Groups and Geometry: Unit GE6, Three-dimensional Lattices. and Polyhedra,* Milton Keynes: Open University.

Rosen, J. (1989), 'Symmetry at the Foundations of Science', *Computers and Mathematics with Applications,* 17/1–3: 13–15.

Rowland, A. (1997), *Bauhaus Source Book,* London: Grange.

Sanderson, S. W., and Uzumeri, M. (1997), *Managing Product Families,* New York: McGraw-Hill.

Sarhangi, R. (2007), 'Geometric Constructions and Their Arts in Historical Perspective', in R. Sarhangi and J. Barrallo (eds), *Bridges Donastia,* Conference Proceedings (San Sebastian, University of the Basque Country), St Albans: Tarquin.

Schattschneider, D. (2004), *M. C. Escher: Visions of Symmetry,* London: Thames & Hudson.

Schlemmer, O. (1971 ed.), *Man: Teaching Notes from the Bauhaus,* H. Kuchling (ed.), H. M. Wingler (pref.) and J. Seligman (trans.), London: Lund Humphries.

Scivier, J. A., and Hann, M. A. (2000a), 'The Application of Symmetry Principles to the Classification of Fundamental Simple Weaves', *Ars Textrina,* 33: 29–50.

Scivier, J. A., and Hann, M. A. (2000b), 'Layer Symmetry in Woven Textiles', *Ars Textrina,* 34: 81–108.

Seeley, E. L. (trans.) (1957), *Lives of the Artists, by Giorgio Vasari,* New York: Noonday Press.

Senechal, M. (1989). 'Symmetry Revisited', *Computers and Mathematics with Applications,* 17/1–3: 1–12.

Shubnikov, A.V., and Koptsik, V.A. (1974), *Symmetry in Science and Art,* New York: Plenum Press.

Speltz, A. (1915), *Das Farbige Ornament aller Historischen Stile,* Leipzig: A. Schumann's Verlag, and republished (1988) as *The History of Ornament,* New York: Portland House.

Stephenson, C., and Suddards, F. (1897), *A Textbook Dealing with Ornamental Design for Woven Fabrics,* London: Methuen.

Stevens P. S. (1984), *Handbook of Regular Patterns: An Introduction to Symmetry in Two Dimensions,* Cambridge, MA: MIT Press.

Stewart, M. (2009), *Patterns of Eternity: Sacred Geometry and the Starcut Diagram,* Edinburgh: Floris Books.

Sutton, D. (2007), *Islamic Design,* Glastonbury: Wooden Books.

Tennant, R. (2003), 'Islamic Constructions: The Geometry Needed by Craftsmen', *International Joint Conference of ISAMA, the International Society of the Arts, Mathematics and Architecture,* and *BRIDGES, Mathematical Connections in Art, Music and Science,* University of Granada, Spain.

Thomas, B. G. (2012), University of Leeds, Personal communication with the author.

Thomas, B. G., and Hann, M. A. (2007), *Patterns in the Plane and Beyond: Symmetry in Two and Three Dimensions,* Leeds: University of Leeds International Textiles Archive (ULITA) and Leeds Philosophical and Literary Society.

Thomas, B. G., and Hann, M. A. (2008), 'Patterning by Projection: Tiling the Dodecahedron and Other Solids', in R. Sarhangi and C. Sequin (eds), *Bridges Leeuwarden, Mathematical Connections in Art, Music and Science,* Conference Proceedings, St Albans: Tarquin.

Thompson, D. W. (1917, 1961, and 1966), *On Growth and Form,* Cambridge: Cambridge University Press.

Tower, B. S. (1981), *Klee and Kandinsky in Munich and at the Bauhaus,* Ann Arbor, MI: UMI Research Press.

Wade, D. (1976), *Pattern in Islamic Art,* Woodstock: Overlook Press.

Wade, D. (2006), *Symmetry. The Ordering Principle,* Glastonbury: Wooden Books.

Washburn D. K., and Crowe D. W. (1988), *Symmetries of Culture: Theory and Practice of Plane Pattern Analysis,* Seattle and London: University of Washington Press.

Washburn, D. K., and Crowe, D. W. (eds) (2004), *Symmetry Comes of Age: The Role of Pattern in Culture,* Seattle and London: University of Washington Press.

Watts, D. J., and Watts, C. (1986), 'A Roman Apartment Complex', *Scientific American,* 255/6: 132–40.

Weyl, H. (1952), *Symmetry,* Princeton: Princeton University Press.

Williams, K. (2000), 'Spirals and the Rosette in Architectural Ornament', in C. A. Gorini (ed.), *Geometry at Work: Papers in Applied Geometry, MAA Notes,* 53: 3–11.

Williams, R. W. (1972, reprinted 1979), *The Geometrical Foundation of Natural Structures: A Source Book of Designs,* New York: Dover.

Willson, J. (1983), *Mosaic and Tessellated Patterns: How to Create Them,* New York: Dover.

Wilson, E. (1988), *Islamic Designs,* London: British Museum.

Wolchonok, L. (1959), *The Art of Three-Dimensional Design,* New York: Dover.

Wong, W. (1972), *Principles of Two-Dimensional Design,* New York: Van Nostrand Reinhold.

Wong, W. (1977), *Principles of Three-Dimensional Design,* New York: Van Nostrand Reinhold Company.

Woods, H. J. (1936), 'The Geometrical Basis of Pattern Design. Part 4: Counterchange Symmetry in Plane Patterns', *Journal of the Textile Institute: Transactions,* 27: T305–20.

Worren, N., Moore, K., and Cardona, P. (2002), 'Modularity, Strategic Flexibility and Firm Performance: A Study of the Home Appliance Industry', *Strategic Management Journal,* 23/12: 1123–40.

译后记

互联网环境下的设计创作发生了很大的改变，科技、媒体、艺术和设计融合成为一种常态；"万物皆媒"、"形式即内容"的新媒体形态也需要我们重新考量设计在信息传播中的价值。本书从结构与形式入手，把二维和三维形式要素统摄于形态、模块和框架之中，将为新媒体时代设计师及所有"信息沟通者"提供必要的行动指南。

本书把设计原理与创作实践完美融合，重视其在视觉设计、装饰艺术、城市设计、社会性传播等方面的应用。作为中国人民大学"双一流"建设阶段性成果（中国人民大学马克思主义新闻观研究中心北京城市形象社会性传播设计研究课题成果，项目号为：

RMXY2018C006）的一部分，我们希望通过本书的翻译助力当下设计与信息服务的连接，并进一步革新艺术、媒介与日常生活、城市形象构建的关系。

汉恩教授长期从事设计研究，卓有成就。翻译过程中，译者徒感学力不逮，难得真经，感谢清华大学、北京大学、中国建筑工业出版社的专家学者在翻译过程中给予的启示和帮助，感谢张玉花、刘芳、王丹杰等帮助审校了全书。我们的翻译力求"信、达、雅"，但限于水平与时间，尚有诸多不足，恳请读者批评指正（电子邮箱：954833755@qq.com）。

译者

于京西昆玉河畔